**高职化工类
模块化系列教材**

压力容器
制造与检验

訾 雪 主编
刘德志 李 浩 副主编

化学工业出版社
·北京·

内 容 简 介

《压力容器制造与检验》以模块化教学的形式进行编写。本书以压力容器制造工艺流程为主线,结合认知规律和压力容器的整个生命周期,分为四个模块,即制造标准与规范、压力容器制造、压力容器检验与档案管理等,其中压力容器制造包括制造准备,预处理、展开及划线,切割与坡口加工,卷制与成形,组装焊接等。各个模块均安排了任务导入、任务内容与反思提升等环节,便教易学,并在任务开始提出学习目标,使读者在做中学、学中做,掌握设备制造与检验的精髓,提升专业素养,获得专业技能。

本书可作为高等职业院校化工设备技术专业教材,也可供其他化工相关专业的师生参考。

图书在版编目 (CIP) 数据

压力容器制造与检验/訾雪主编;刘德志,李浩副主编. —北京:化学工业出版社,2023.1(2025.2重印)
高职化工类模块化系列教材
ISBN 978-7-122-42504-1

Ⅰ.①压⋯ Ⅱ.①訾⋯ ②刘⋯ ③李⋯ Ⅲ.①压力容器-高等职业教育-教材 Ⅳ.①TH49

中国版本图书馆CIP数据核字(2022)第208180号

责任编辑:王海燕　提　岩　　　　　文字编辑:徐　秀　师明远
责任校对:张茜越　　　　　　　　　　装帧设计:王晓宇

出版发行:化学工业出版社(北京市东城区青年湖南街13号　邮政编码100011)
印　　装:北京科印技术咨询服务有限公司数码印刷分部
787mm×1092mm　1/16　印张8¼　字数187千字　2025年2月北京第1版第2次印刷

购书咨询:010-64518888　　　　　　售后服务:010-64518899
网　　址:http://www.cip.com.cn
凡购买本书,如有缺损质量问题,本社销售中心负责调换。

定　价:26.00元　　　　　　　　　　　　　　版权所有　违者必究

高职化工类模块化系列教材
编审委员会名单

顾　　　问：于红军

主任委员：孙士铸

副主任委员：刘德志　辛　晓　陈雪松

委　　　员：李萍萍　李雪梅　王　强　王　红
　　　　　　　韩　宗　刘志刚　李　浩　李玉娟
　　　　　　　张新锋

序

目前，我国高等职业教育已进入高质量发展时期，《国家职业教育改革实施方案》明确提出了"三教"（教师、教材、教法）改革的任务。三者之间，教师是根本，教材是基础，教法是途径。东营职业学院石油化工技术专业群在实施"双高计划"建设过程中，结合"三教"改革进行了一系列思考与实践，具体包括以下几方面：

1. 进行模块化课程体系改造

坚持立德树人，基于国家专业教学标准和职业标准，围绕提升教学质量和师资综合能力，以学生综合职业能力提升、职业岗位胜任力培养为前提，提高学生可持续发展和全面发展能力。将德国化工工艺员职业标准进行本土化落地，根据职业岗位工作过程的特征和要求整合课程要素，专业群公共课程与专业课程相融合，系统设计课程内容和编排知识点与技能点的组合方式，形成职业通识教育课程、职业岗位基础课程、职业岗位课程、职业技能等级证书（1+X证书）课程、职业素质与拓展课程、职业岗位实习课程等融理论教学与实践教学于一体的模块化课程体系。

2. 开发模块化系列教材

结合企业岗位工作过程，在教材内容上突出应用性与实践性，围绕职业能力要求重构知识点与技能点，关注技术发展带来的学习内容和学习方式的变化；结合国家职业教育专业教学资源库建设，不断完善教材形态，对经典的纸质教材进行数字化教学资源配套，形成"纸质教材+数字化资源"的新形态一体化教材体系；开展以在线开放课程为代表的数字课程建设，不断满足"互联网+职业教育"的新需求。

3. 实施理实一体化教学

组建结构化课程教学师资团队，把"学以致用"作为课堂教学的起点，以理实一体化实训场所为主，广泛采用案例教学、现场教学、项目教学、讨论式教学等行动导向教学法。教师通过知识传授和技能培养，在真实或仿真的环境中进行教学，引导学生将有用的知识和技能通过反复学习、模仿、练习、实践，实现"做中学、学中做、边做边学、边学边做"，使学生将最新、最能满足企业需要的知识、能力和素养吸收，固化成为自己的学习所得，内化于心、外化于行。

本次高职化工类模块化系列教材的开发，由职教专家、企业一线技术人员、专业教师联合组建系列教材编委会，进而确定每本教材的编写工作组，实施主编负责制，结合化工行业企业工作岗位的职责与操作规范要求，重新梳理知识点与技能点，把职业岗位工作过程与教学内容相结合，进行模块化设计，将课程内容按知识、能力和素质，编排为合理的课程模块。

本套系列教材的编写特点在于以学生职业能力发展为主线，系统规划了不同阶段化工类专业培养对学生的知识与技能、过程与方法、情感态度与价值观等方面的要求，体现了专业教学内容与岗位资格相适应、教学要求与学习兴趣培养相结合，基于实训教学条件建设将理论教学与实践操作真正融合。教材体现了学思结合、知行合一、因材施教，授课教师在完成基本教学要求的情况下，也可结合实际情况增加授课内容的深度和广度。

本套系列教材的内容，适合高职学生的认知特点和个性发展，可满足高职化工类专业学生不同学段的教学需要。

高职化工类模块化系列教材编委会
2021 年 1 月

前言

高等职业教育的目标是培养生产、建设、服务、管理第一线的高端技能型专业人才，本书围绕技术应用能力来设计学生的能力、素质、知识结构，加强学生专业技能与岗位素养，培养面向化工、石油设备制造方面的高端技能型人才。

编者与经验丰富的企业技术人员一起，依据企业职业岗位素质能力技术要求，基于化工企业工作岗位过程，以职业岗位所需的技术、技能、知识为中心，重构能力本位的知识框架。以压力容器制造工艺流程为主线，在制造准备—设备制造—设备检验—设备管理的各个过程中，根据岗位需要设置相应的模块。化工设备制造各个环节需要遵循标准，本教材在第一个模块就介绍了相关标准以及标准查询的方法。

本教材主要有以下特点：

（1）以实用、够用为基本原则，突出应用性。每一个模块包括若干个任务，都是典型设备制造过程中真实的生产任务，知识内容紧紧围绕学习任务，将实践技能和理论知识有机结合，从而把典型的化工设备制造工艺流程清晰地展现给学生。

（2）注重能力培养。教材设计的学习形式多种多样，任务中"练一练"以及"反思提升"让学生通过小组讨论、小组查阅资料等多种方式找寻答案，培养学生团队协作、沟通以及信息技术应用能力，边学边做，达到了以"学生为主体，做中学、学中做"的目标。

本教材由訾雪担任主编，刘德志、李浩担任副主编。具体编写分工如下：模块一由刘德志编写，模块二任务一～任务四由訾雪编写，模块二任务五由李烁编写，模块三由李浩编写，模块四由史焕地编写。全书由訾雪负责统稿，孙士铸教授担任主审。

由于编者水平有限，书中不妥之处，敬请读者和同行批评指正。希望得到读者的宝贵意见与建议。

编者
2022 年 7 月

目录

模块一
制造相关标准与规范 /001

任务　认知制造标准与规范　/002
【学习目标】　/002
【任务导入】　/003
【任务内容】　/003
　一、认知化工设备及分类　/003
　二、认知化工设备制造标准　/005
　三、认知设计、制造许可证制度　/007
【反思提升】　/010
【考核评价】　/010

模块二
压力容器制造 /012

任务一　压力容器制造准备　/013
【学习目标】　/013
【任务导入】　/014
【任务内容】　/014
　一、认知压力容器结构　/014
　二、认知压力容器制作工艺过程　/016
　三、审查与识读施工图纸　/017
　四、制定技术文件　/022
　五、认知制造材料要求　/025
【反思提升】　/029
【考核评价】　/031
任务二　预处理、展开及划线　/032
【学习目标】　/032
【任务导入】　/033
【任务内容】　/033
　一、放样展开　/033
　二、绘制筒体排版图　/036
　三、复核、号料与预处理材料　/037
　四、下料划线　/039

【反思提升】　　/043
　　【考核评价】　　/044
　任务三　切割与坡口加工　/045
　　【学习目标】　　/045
　　【任务导入】　　/046
　　【任务内容】　　/046
　　　一、认知氧-乙炔切割（气割）　/046
　　　二、认知机械切割　/048
　　　三、认知等离子切割　/050
　　　四、认知碳弧气刨　/052
　　　五、认知钢板边缘加工　/052
　　【反思提升】　　/054
　　【考核评价】　　/054
　任务四　卷制与成形　/055
　　【学习目标】　　/055
　　【任务导入】　　/056
　　【任务内容】　　/056
　　　一、卷制筒体　/056
　　　二、封头成形　/060
　　【反思提升】　　/064
　　【考核评价】　　/064
　任务五　组装焊接　/065
　　【学习目标】　　/065
　　【任务导入】　　/066
　　【任务内容】　　/066
　　　一、认知压力容器组装技术要求　/066
　　　二、认知常用组装机械及其使用方法　/068
　　　三、附件组装　/072
　　　四、认知埋弧焊　/072
　　　五、认知焊条电弧焊　/076
　　　六、认知钨极氩弧焊　/077
　　　七、认知焊后热处理　/079
　　【反思提升】　　/079
　　【考核评价】　　/080

模 块 三
压力容器检验　/082

　任务一　质量检验　/083
　　【学习目标】　　/083
　　【任务导入】　　/084
　　【任务内容】　　/084

  一、认知质量检验内容与方法　　/084
  二、认知宏观检查　　/085
  三、认知理化实验　　/086
  四、认知力学性能测试　　/087
 【反思提升】　　/088
 【考核评价】　　/089

任务二　无损检测　　/090
 【学习目标】　　/090
 【任务导入】　　/091
 【任务内容】　　/091
  一、认知无损检测概念及目的　　/091
  二、认知射线检测（RT）　　/093
  三、认知液体渗透检测　　/095
  四、认知磁粉检测　　/096
  五、认知超声波探伤　　/098
  六、认知涡流检测　　/101
 【反思提升】　　/102
 【考核评价】　　/102

任务三　压力试验　　/104
 【学习目标】　　/104
 【任务导入】　　/105
 【任务内容】　　/105
  一、认知压力试验　　/105
  二、认知液压试验　　/106
  三、认知气压试验　　/109
  四、认知致密性试验　　/109
 【反思提升】　　/110
 【考核评价】　　/111

模块四　档案管理　　/112

任务　管理档案　　/113
 【学习目标】　　/113
 【任务导入】　　/114
 【任务内容】　　/114
  一、认知特种设备技术档案资料　　/114
  二、认知档案管理工作内容　　/117
 【反思提升】　　/119
 【考核评价】　　/119

参考文献　　/120

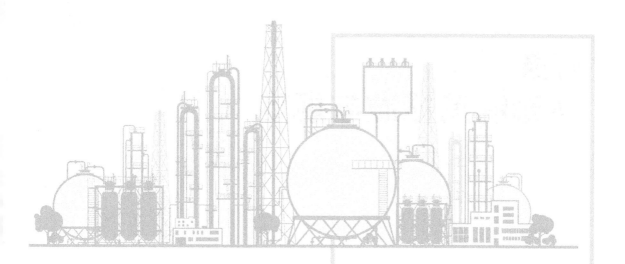

模块一

制造相关标准与规范

化工设备是化工生产中必不可缺的一部分,为了保证化工设备的安全运行,避免事故发生,必须从各个方面严格把关,按照规程、标准执行相关操作,尤其是制造与检验环节。因此,本模块介绍制造标准与规范。

任务
认知制造标准与规范

学习目标

◎ **知识目标**

（1）掌握化工设备安装制造方式；

（2）熟悉化工设备制造标准与规范；

（3）了解企业制造压力容器资质文件。

◎ **能力目标**

（1）能简述不同化工设备制造方式；

（2）能说出重要的化工容器制造标准名称并能进行查阅。

◎ **素质目标**

（1）通过标准学习，培养精益求精、一丝不苟的工匠精神和求真务实的科学精神；

（2）通过互联网查寻、小组讨论完成练习，培养团结协作、诚信友善的职业精神和吃苦耐劳的劳动精神。

杭州某冶炼公司购入 2 台新型离心机，用于选取矿渣中残存的贵金属。该机在安装完毕、空载试车正常后投入生产使用，在操作工按正常程序投料运行后，其中一台离心机工作约 1.5h 即发生转鼓爆裂事故，离心机的外罩、转鼓等碎片飞向车间四周，撞破附近设备，并击中在 5m 外另一台机旁作业的男性操作工，使该操作工死亡。经鉴定审查，该离心机转鼓设计图纸符合相关规范要求，但转鼓未按图纸要求进行制造，使转鼓能承受的抗拉强度大大降低，转鼓部件存在致命的质量缺陷，导致事故发生。

从上面案例可以看出化工设备一旦出现问题，将给人民的生命、财产带来极大的损失。设备安全至关重要，这就需要依靠标准来规范设备的设计、制造、检测等各个环节。

一、认知化工设备及分类

任何一种石油、化工产品，都是人们利用一定的生产技术和按照特定的工艺要求，将原料经过一系列物理或化学加工处理后得到的，这一系列加工处理的步骤称为化工生产过程。实现某种化工生产过程，就需要有相应的机器和设备。例如，对物料进行混合、分离、加热和化学反应等操作，就需要有混合搅拌设备、分离设备、传热和反应设备；对流体进行输送，就需要有管道、阀门、储存设备、泵、压缩机等。化工生产过程就是运用这些设备的不同组合，在特定的工艺条件下，介质经过加热、加压、反应、冷却、吸收、蒸馏、结晶、干燥、分离、存储和运输等过程生产出社会所需要的各种化工产品。化工设备及机器是实现化工生产的重要工具，没有相应的机器和设备，任何化工生产过程都将无法实现。

设备按其定型程度，可分为标准设备和非标准设备。

标准设备指在类型、规格、性能、尺寸、制图、公差和配合、技术文件编号与代号、技术语言、计量单位以及所用材料与工艺设备等，都按统一标准制造出来的机械设备。标准设备的适用范围一般大于通用设备。生产厂商根据国家产品标准批量生产，并按照生产成本、利润和税金及其经营管理状况，制定统一的出厂价格，备有"样本"或产品说明书，供使用单位查阅和选用。这类设备不仅适用于石油化工行业，同样也适用其他工业领域，在化工企业中通常称为动设备，即配有驱动装置在生产中处于运转状态的设备。

常用的动设备有泵、压缩机和鼓风机。

（1）泵　泵是为液体提供流量和压力的设备，主要包括离心泵、往复泵、齿轮泵等。

（2）压缩机　压缩机是为气体提供流量和压力的设备，主要包括离心式压缩机、往复式压缩机、螺杆式压缩机等。

(3) 鼓风机　鼓风机是用于输送气体的设备，包括离心式鼓风机、罗茨鼓风机等。

非标准设备（也称非标设备）指国家尚没定型，制造厂尚不能批量生产，使用单位不能直接通过市场采购得到的设备。非标准设备的购置是由使用企业提供图纸，然后委托制造厂或施工企业加工制造。这些设备的制造安装可分三种情况，第一种：是由企业的供应部门到制造厂直接订制的，可以按图纸要求整体制作完成，运到施工现场进行吊装就位的设备，如小型容器、反应器、换热器等；第二种：是由于运输原因，制造厂只能分片、分段交货的设备，如直径大于3.8m的塔、球罐等设备，这些设备构造较复杂，制造精度要求高，技术含量大，分片、分段运到现场，一般均由施工企业继续制造完成；第三种：是设备制造工艺比较简单、体积又庞大的设备，如气柜、各种大型储罐等，这类设备制造均由施工企业在施工现场制作加工完成。

非标准设备又称为非定型设备或工艺设备。这类设备在生产操作过程中无须动力带动，安装后处于静止状态，因此又称为静置设备或静止设备，企业中常称为静设备。本书主要介绍非标准设备制造过程。

静设备按工艺过程中的作用不同分类，可分为以下几类：

(1) 换热设备　用于完成介质热量交换的设备，主要包括换热器、冷凝器、蒸发器、冷却器、再沸器、过热器、废热锅炉等。

(2) 反应设备　用于完成介质物理、化学反应的设备，主要包括釜式反应器、管式反应器、鼓泡塔反应器、固定床反应器、流化床反应器等。

(3) 分离设备　用于完成介质质量交换，气体净化，固、液、气分离的设备，主要包括分离器、过滤器、吸收塔、洗涤塔、汽提塔等。

(4) 储存设备　用于盛装液体或气体物料、储运介质或对压力起平衡缓冲作用的容器，主要包括储罐、气柜、球形储罐等。

练一练：

根据给定的资料对图1-1所示设备进行分类（标准设备、非标准设备），非标准设备请说明安装制造的方式。

图1-1　化工设备

二、认知化工设备制造标准

由于化工设备内的工作介质往往具有毒性、易燃易爆性、腐蚀性等,所以它是一种具有发生中毒危险、爆炸危险的特种承压设备。为保障化工设备的安全可靠性,制造单位必须按照相应的法规、规范、标准对产品进行质量控制。在这里介绍两大类与设备制造有关的文件。

1. 法律法规

我国目前与特种设备相关的法律有《中华人民共和国安全生产法》(2021年新修订含草案说明)《中华人民共和国行政许可法》《中华人民共和国计量法》《中华人民共和国标准化法》以及《中华人民共和国特种设备安全法》。

条例是由国家颁布的法律性文件,是制定各项规程、标准的法律基础,如《特种设备安全监察条例》由国务院公布。

2. 标准

(1) 国家标准 国家标准由全国不同行业的标准化技术委员会负责组织编写,如全国锅炉压力容器标准化技术委员会、全国钢标准化技术委员会等。国家标准由国家市场监督管理总局发布,或由国家市场监督管理总局与国家标准化管理委员会共同发布,有强制性标准和推荐性标准两类,如 GB/T 150.1~150.4—2011《压力容器》为推荐性标准;GB 713—2014《锅炉和压力容器用钢板》由原国家质量监督检验检疫总局(现国家市场监督管理总局)与国家标准化管理委员会共同发布,为强制性标准。

国家标准可通过多种方式查询,本书介绍在国家标准全文公开系统中查询国标的办法。登录"国家标准全文公开系统"官网,如图1-2所示,在检索一栏中输入标准号或是标准名称,比如输入"压力容器",即可看到关于压力容器的所有国家标准,如图1-3所示,有强制性标准还有推荐性标准,每个分类下还有现行、废弃和即将实施等标准状态,供查询者进一步筛选标准。

图1-2 平台网站截图

(2) 行业标准 行业标准是由全国不同行业的标准化技术委员会负责组织编写,由国家工业和信息化部、国家发展和改革委员会、国家能源局等分别发布。如 HG/T 20660—2017

图 1-3　网站搜索结果截图

《压力容器中化学介质毒性危害和爆炸危险程度分类标准》、HG/T 20592～20635—2009《钢制管法兰、垫片、紧固件》等属于化工行业标准；如 JB/T 4732—1995《钢制压力容器分析设计标准》属于机械行业标准；NB/T 47065.1～47065.4—2008《容器支座》、NB/T 47008—2017《承压设备用碳素钢和合金钢锻件》、NB/T 47015—2011《压力容器焊接规程》等属于能源行业标准。压力容器相关文件、标准（摘选）见表 1-1。

表 1-1　压力容器相关文件、标准（摘选）

类别	编号/标准号	名称	备注
法律		《中华人民共和国特种设备安全法》	
条例、规范	中华人民共和国国务院令第 549 号	《特种设备安全监察条例》	2009 年 1 月 24 日签发，2009 年 5 月 1 日实施
	TSG 21—2016	《固定式压力容器安全技术监察规程》	
	TSG Z6002—2010	《特种设备焊接操作人员考核细则》	
国家标准	GB/T 150.1～150.4—2011	《压力容器》标准释义	
	GB/T 151—2014	《热交换器》	
	GB/T 26929—2011	《压力容器术语》	
	GB 713—2014	《锅炉和压力容器用钢板》	
	GB 3531—2014	《低温压力容器用钢板》	
	GB/T 24511—2009	《承压设备用不锈钢和耐热钢钢板和钢带》	
	GB/T 985.1—2008	《气焊、焊条电弧焊、气体保护焊和高能束焊的推荐坡口》	
	GB/T 985.2—2008	《埋弧焊的推荐坡口》	
能源行业标准	NB/T 47002.1～47002.4—2019	《压力容器用复合板》	
	NB/T 47008—2017	《承压设备用碳素钢和合金钢锻件》	
	NB/T 47009—2017	《低温承压设备用合金钢锻件》	
	NB/T 47014—2011	《承压设备焊接工艺评定》	

续表

类别	编号/标准号	名称	备注
能源行业标准	NB/T 47015—2011	《压力容器焊接规程》	
	NB/T 47016—2011	《承压设备产品焊接试件的力学性能检验》	
	NB/T 47065.1～47065.5—2018	《容器支座》	
	NB/T 47020～47027—2012	《压力容器法兰、垫片、紧固件》	
	NB/T 10558—2021	《压力容器涂敷与运输包装》	
	NB/T 47013.1～47013.13—2015	《承压设备无损检测》	
机械行业标准	JB/T 4736—2002	《补强圈钢制压力容器用封头》	
	JB 4732—1995	《钢制压力容器分析设计标准》	
	JB/T 4730.8—2012	《承压设备无损检测 第8部分：泄漏检测》	
化工行业标准	HG 20660—2017	《压力容器中化学介质毒性危害和爆炸危险程度分类》	
	HG/T 21514～21535—2014	《钢制人孔和手孔》	
	HG/T 20592～20635—2009	《钢制管法兰、垫片、紧固件》	
	HG/T 21574—2018	《化工设备吊耳设计选用规范》	
	HG/T 21639—2005	《塔顶吊柱》	
	HG/T 20581—2020	《钢制化工容器材料选用规范》	
	HG/T 20583—2020	《钢制化工容器结构设计规范》	
	HG/T 20584—2020	《钢制化工容器制造技术规范》	

📋 **练一练：**

请查询《中华人民共和国特种设备安全法》《固定式压力容器安全技术监察规程》（图1-4），说说设备生产单位应当具备哪些条件才可从事生产活动？

图1-4 标准封面

三、认知设计、制造许可证制度

化工设备属于特种设备，工作条件为高压或真空、高温或低温，工作介质具有腐蚀性、有毒性或易燃易爆等特殊性,因此国家颁布了一系列的法规文件,对压力容器的设计、制造、安装、改造、维修、使用、检验检测等进行监督管理。

1. 压力容器设计许可证

按照《固定式压力容器安全技术监察规程》规定,压力容器的设计总图上,必须加盖特种设备(压力容器)设计许可印章(复印章无效)、设计单位设计专用印章(复印章无效),设计许可印章失效的设计图样和已加盖竣工图章的图样不得用于制造压力容器;压力容器设计许可印章中的设计单位名称必须与所加盖的设计图样中的设计单位名称一致;压力容器设计专用章中至少包括设计单位名称、相应资质证书编号、主要负责人、技术负责人等内容。

设计单位及其主要负责人对压力容器的设计质量负责;压力容器设计单位的资质、设计类别、品种和范围应当符合有关安全技术规范的规定;压力容器的设计应当符合本规程的基本安全要求,对于采用国际标准或者境外标准设计的压力容器,进行设计的单位应当向国家市场监督管理总局提供设计文件与本规程基本安全要求的符合性申明及比照表。

按照 TSG 07—2019《特种设备生产和充装单位许可规则》的规定:进行压力容器、压力管道设计的单位必须取得由实施特种设备生产和充装单位许可的部门(国家市场监督管理总局和省级人民政府负责特种设备安全监督管理的部门)颁发的《特种设备设计许可证》(简称《设计许可证》)。设计单位取得《设计许可证》后,可以在全国范围内从事许可范围内的设计工作。《设计许可证》有效期为 4 年。特种设备生产和充装单位的许可类别、许可项目和子项目、许可参数和级别(以下统称许可范围)以及发证机关,按照市场监督管理总局发布的《特种设备生产单位许可目录》执行;许可项目和子项目中的设备种类、类别和品种按照《特种设备目录》执行。压力容器设计生产单位许可目录见表 1-2。

表 1-2 压力容器设计生产单位许可目录

项目	由总局实施的子项目	总局授权省级市场监管部门实施或由省级市场监管部门实施的子项目	备注
压力容器设计	压力容器应力分析设计	① 固定式压力容器规则设计 ② 移动式压力容器规则设计	① 压力容器制造单位设计本单位制造的压力容器,无须单独取得设计许可(含分析设计),在制造许可证上注明实际设计范围。无设计能力的压力容器制造单位应当将设计分包至持有相应设计许可的设计单位 ② 申请分析设计许可的单位必须先取得规则设计许可

2. 压力容器制造许可证

《中华人民共和国特种设备安全法》(简称《特种设备安全法》)规定:国家按照分类监督管理的原则对特种设备生产实行许可制度。特种设备生产单位应当具备下列条件,并经负责特种设备安全监督管理的部门许可,方可从事生产活动:

① 有与生产相适应的专业技术人员;

② 有与生产相适应的设备、设施和工作场所;

③ 有健全的质量保证、安全管理和岗位责任等制度。

特种设备生产单位应当保证特种设备生产符合安全技术规范及相关标准的要求,对其生产的特种设备的安全性能负责。不得生产不符合安全性能要求、能效指标以及国家明令淘汰的特种设备。

特种设备出厂时，应当随附安全技术规范要求的设计文件、产品质量合格证明、安装及使用维护保养说明、监督检验证明等相关技术资料和文件，并在特种设备显著位置设置产品铭牌、安全警示标志及其说明。

按照《固定式压力容器安全技术监察规程》规定，压力容器制造（含现场组焊）单位应当取得特种设备制造许可证。

《压力容器制造许可证》的有效期限为 4 年。压力容器制造许可级别见表 1-3。

表 1-3 压力容器制造许可级别

级别	品种范围
A 级	A1：大型高压容器
	A2：其他高压容器
	A3：球罐
	A4：非金属压力容器
	A5：氧舱
	A6：超高压容器
B 级	B1：无缝气瓶
	B2：焊接气瓶
	B3：特种气瓶（纤维缠绕气瓶）
	B4：特种气瓶（低温绝热气瓶）
	B5：特种气瓶（内装填料气瓶）
C 级	C1：铁路罐车
	C2：汽车罐车、罐式集装车
	C3：长管拖车、管束式集装车
D 级	中、低压容器

3. 焊工证

按照《固定式压力容器安全技术监察规程》规定，从事压力容器焊接作业的人员（简称焊工），应当按照有关安全技术规范的规定考核合格，取得相应项目的《特种设备作业人员证》。

按照原国家质量监督检验检疫总局颁布的 TSG Z6002—2010《特种设备焊接操作人员考核细则》的规定，从事下列焊缝焊接工作的焊工，应当按照该细则考核合格，持有《特种设备作业人员证》。

① 承压类设备的受压元件焊缝、与受压元件相焊的焊缝、受压元件母材堆焊；
② 机电类设备的主要受力结构（部）件焊缝、与主要受力结构（部）件相焊的焊缝；
③ 熔入前两项焊缝内的定位焊缝。

《特种设备作业人员证》每 4 年复审一次。

练一练：

请以本省的一个化工设备制造企业为研究对象，查询该企业的资质证书，并简单介绍该企业。常见制造企业现场如图 1-5 所示。

图 1-5 制造企业现场

反思提升

本节任务讲述了化工设备的分类、化工设备制造标准与规范、企业制造压力容器资质文件。请在网上查询你认为重要的四个与压力容器制造有关的标准,写出标准的适用范围。

考核评价

考核分类	项目	完成情况与能力提升评价		
		达成目标	基本达成	未达成
知识与技能考核	认知化工设备及分类			
	认知化工设备制造标准			
	认知设计、制造许可证制度			
	反思提升			
素质能力考核	工匠精神			
	职业精神			
	科学精神			
	劳动精神			

拓展阅读

国外压力容器标准介绍

除了前面介绍的国内压力容器制造相关标准,国外压力容器标准也有许多,比较著名的有美国 ASME 规范《锅炉及压力容器规范》、英国标准 BS5500《非直接火焰加热焊接压力容器规范》、德国压力容器规范《AD 压力容器规范》、日本标准 JIS B 8265《压力容器的构造一般规则》、欧盟标准 EN13445-5《非火焰接触压力容器规范》等，其他国家标准及欧洲标准简称如表 1-4。

表 1-4 标准简称

名称	简称
美国国家标准	ANSI
德国国家标准	DIN
英国国家标准	BS
法国国家标准	NF
日本工业标准	JIS
欧洲标准	EN

下面就 ASME 规范进行简单的介绍。美国 ASME《锅炉及压力容器规范》是世界最早最完备的压力容器标准规范，自 1914 年问世以来，经过不断补充和修改，发展至今已有 11 卷和 22 册，形成了一个比较完整的标准体系。我国也根据自己的国情同时借鉴国外相关标准于 1989 年颁布了 GB 150《钢制压力容器》标准。ASME 规范中与压力容器设计工作有关的是第Ⅷ卷《压力容器》（简写为 ASME Ⅷ）。《压力容器》又分三部分，第一部分是压力容器建造规则（规则设计制造压力容器）；第二部分是另一规则（分析设计制造）；第三部分是超高压容器。与无损检测有关的是第Ⅴ卷无损检测；与焊接有关的是第Ⅸ卷焊接及钎焊评定。

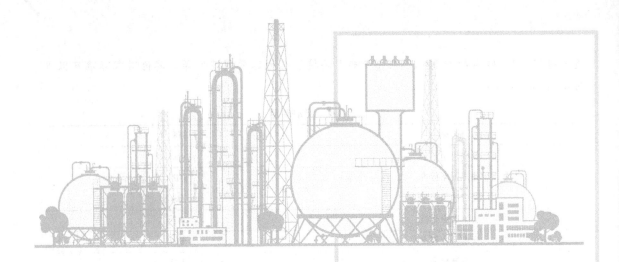

压力容器典型制造工序包括备料、下料、坡口加工、筒体成形、焊接、组装、热处理等。本模块详细介绍各个工序过程以及工序用到的方法及设备。

模块二

压力容器制造

任务一
压力容器制造准备

学习目标

知识目标

(1) 掌握压力容器制造工序;

(2) 熟悉压力容器施工图纸的确认程序和审查内容;

(3) 了解施工图纸的技术文件。

能力目标

(1) 能简述压力容器制造工艺过程;

(2) 能识读与审查施工图纸。

素质目标

(1) 通过识读与审查施工图纸,培养精益求精、一丝不苟的工匠精神和求真务实、积极探索的科学精神;

(2) 通过互联网查寻、小组讨论完成练习,培养团结协作、诚信友善的职业精神和吃苦耐劳的劳动精神。

某制造企业在求职网站上发布了招聘简章,需要招聘一些岗位:铆工、技术员、工艺设计员。以下是各个岗位的能力要求:

(1) 一线铆工的能力要求

① 图纸识读;

② 读懂工艺文件并严格执行;

③ 实干和控制质量的能力:下料、成形、组装。

(2) 铆工技术员的能力要求

① 读懂图纸和工艺;

② 解读图纸、工艺及技术。

(3) 铆工工艺员能力要求

① 图纸识读;

② 熟悉标准规范;

③ 编制工艺。

可以看出企业对一线铆工到铆工工艺员能力要求是逐层上升的,接下来就来学习一线铆工需要掌握的知识——图纸、工艺文件识读、工序,为压力容器制造做准备工作。

一、认知压力容器结构

在之前的任务中介绍了化工设备分为动设备和静设备,静设备按照用途可以分为储存设备、换热设备、反应设备、分离设备。由于化工工艺过程的多样性决定了化工设备功能、原理和结构的多样化,但它们在结构上都具有一个或多个承受压力的封闭外壳,故又称为压力容器。其中结构最简单的就是储存设备,其他设备则因为特定的单元操作过程在储存设备的结构上又增添了特定的结构或内件,故结构认知以储存设备——储罐为例。压力容器由许多基本部件组成,如筒体、封头、法兰、开孔与接管、支座、安全附件等,接下来分别介绍各结构及其作用。

1. 筒体

筒体是设备的主体部分,其结构如图 2-1 所示。筒体提供工艺所需的承压空间。实际圆筒制作过程中,主要就是将钢板卷焊成圆筒,较长的筒体则由多个筒节焊接得到。当直径小于 500mm 时,可直接使用无缝钢管。高压容器的

图 2-1 筒体

厚壁筒体由整体锻造加工工艺、锻焊加工工艺、多层包扎加工工艺、多层热套加工工艺、多层焊缝错开加工工艺、多层绕板加工工艺等得到。

2. 封头（端盖）

封头是设备的重要组成部分，其结构如图 2-2 所示，是封闭容器端部使其内外介质隔离的元件。化工工艺中的介质、温度、压力的特殊性要求设备是密封的。除了椭圆形（常用），封头还有半球形、蝶形、球冠形、锥形、平盖等。直径小时整体冲压、旋压，大直径采用分瓣冲压成形后再进行拼焊。

图 2-2 封头

3. 法兰

法兰连接是应用相当广泛的一种可拆连接。其连接方法是将一对法兰分别焊在筒体（或管子）和封头（或管子）上。然后在两法兰之间加放垫片，用螺栓、螺母加以连接而成，如图 2-3 所示。设备法兰主要通过对钢板、锻件机械加工成形。

图 2-3 筒体法兰

4. 开孔与接管

（1）开孔　由于工艺要求和检修、清洗设备内部装置及监控的需要，常在筒体或封头上开设不同大小的孔或安装接管，如：人孔、手孔、视镜孔、接管开孔。

（2）接管　包括物料进出口接管以及安装压力表、液面计、安全阀、测温仪表等接管。

5. 支座

设备支座用来支承设备的重量和固定设备的位置。立式容器支座主要有腿式支座、支承式支座、耳式支座、裙式支座，卧式容器支座主要有鞍式（多用）支座、圈式支座，球形容器多采用柱式或裙式支座。

6. 安全附件

保证化工设备和人员的安全。在压力容器上设置一些安全装置和测量、控制仪表来监控工作介质的参数，以保证压力容器的使用安全和工艺过程的正常进行。安全装置有安全阀、爆破片、压力表、液面计、测量仪表等。

练一练：

说出制造压力容器零部件的方法。

二、认知压力容器制作工艺过程

压力容器制作工艺是指压力容器制作的方法和手段，其主要包括三种工艺：铆工工艺、焊接工艺、机械加工工艺。铆工工艺指的是筒体、封头类零部件的下料划线、组对、安装等加工方法和加工要求；焊接工艺指的是压力容器在制造过程中与焊接有关的加工方法和技术要求；机械加工工艺指的是对法兰、开孔等零部件，结构通过机械加工使其形状、尺寸、表面粗糙度达到要求的加工方法和技术要求。

压力容器制造工艺过程是由各单道工序集合而成的，由于压力容器种类不同，所以工序也不尽相同。若将生产中零件在同一地点所连续完成的工艺过程作为一道工序，则压力容器制造有代表性的工序大体应包括：备料、下料、坡口加工、筒体成形、组装、焊接、开孔、矫形、焊缝质量检验、热处理、装配与水压试验等。

压力容器制造工艺流程如下。

1. 备料

备料就是指按设计图样中的材料规格和技术要求准备材料，这一工序主要要求备料要符合设计要求，另外所备材料尺寸还要考虑尽可能提高材料利用率并减少焊缝数量的问题。

2. 下料

下料包括划线和切割两个环节。

（1）划线　根据需要的形状和尺寸在所备材料上划出线条，以便进行切割，划线前要根据材料上的标识对材料是否符合图样要求进行确认，对变形较大的材料进行矫形。另外，划线一定要尽量节约材料，提高材料利用率。

（2）切割　根据划线用切割工具将材料割开，达到所需要的形状和尺寸，切割后如有剩余材料，在切割前要进行标识移植。近年来，随着设备制造业的迅速发展，数控切割、水下等离子切割和激光切割等方法已被广泛应用。

3. 坡口加工

坡口加工就是按焊接工艺坡口形式，用工具或加工机械将板边加工成具有一定角度的斜面，以便于焊接。

4. 筒体成形

筒体成形包括两个环节：一是筒体卷制，就是将加工好坡口的钢板在卷板上卷成筒形，这一环节要保证筒体的圆度；二是筒体纵缝的焊接，就是用焊接材料将筒体的两个直角边焊接在一起，形成一个完整的筒体。

5. 组装

组装就是将加工好的封头与筒体、筒体与筒体用点焊的方法对好，这一工序要保证直线度、对口错边量与筒体长度等指标符合图样和工艺要求。

6. 焊接

焊接就是将组装好的封头与筒体、筒体与筒体用焊接材料连接在一起，形成一个完整的容器。

7. 开孔

开孔就是在焊接好的筒体上按图样要求加工出各种用途的圆孔（如人孔、手孔）。这一工序包括两个环节：一是划线，就是根据图样中开孔方位、开孔尺寸在筒体或封头上用石笔划出线条，表示开孔位置和尺寸；二是按工艺要求加工开孔坡度，便于其他部件焊接。

8. 矫形

筒体经过焊接和开孔后，有时会产生局部变形，所以在容器整体装配前要进行矫正，就是用外力使变形处产生反变形，达到矫形目的。

9. 焊接质量检验

由于各种原因，容器在焊接过程中，焊缝处可能产生夹渣与裂纹等缺陷，所以要对焊缝质量进行检验，一般是采用射线照相方法进行检验。压力容器制造行业规范中对各类焊缝射线照相的比例有明确规定。

10. 热处理

容器在焊接过程中，由于焊缝和周边的温度差导致冷热不均，使容器内部产生应力，为消除这种应力，焊后应进行热处理。可采用整体热处理和局部热处理两种方法：整体热处理就是将容器整体加热以消除应力的处理方法；局部热处理就是对某个焊缝进行加热以消除应力的方法。

11. 装配

装配就是将加工完成的容器筒体和各部件进行组装，一般包括接管、法兰、支座及内件组装等。

12. 水压试验

压力容器整体组装完成后，进行水压试验。水压试验就是按照工艺要求的试验压力，将容器内部充满水并达到要求压力，保持一段时间，检查容器是否渗漏。

上述加工工序虽繁杂，但总体可归纳为以下两点：

① 成形：将原材料加工成所需的形状，关键是使钢板变形。

② 组装：将已成形的零部件组装成完整的设备，关键是焊接。

成形和组装是设备制造的中心环节，其余各工序均从属于它们。

练一练：

简述压力容器的制造工序。

三、审查与识读施工图纸

在开始下料制造设备之前，要有一定的准备工作，也就是需要图纸审查、工艺文件编制与审批、提料、材料的到货验收与复验等，首先介绍图纸审查。

1. 施工图纸概念

由于压力容器整体设备或部件都是由多个零件装配而成的，按其实际装配关系绘制的图称为装配图，包括总装配图（也称总装图）、部件装配图和零件图。其中总装配图表达一台完整设备的装配（图2-4）。

当总装配图不能完整、清晰、明确地表达某个部件时，就需要另外绘制该部件的部件装配图。部件装配图所包括的内容与总装配图的内容基本相同，但部件装配图只是针对该部件

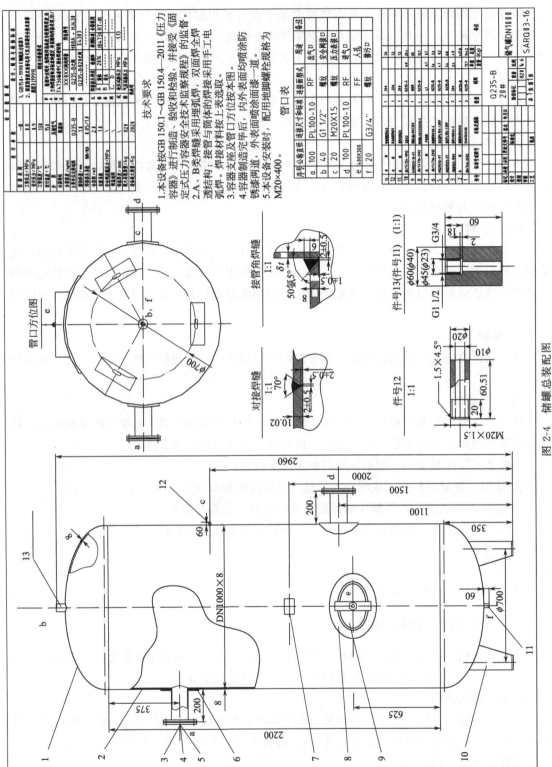

图 2-4 储罐总装配图

的总装配图所要求的技术内容，是对部件在加工、装配、检验、试验和调试时提出的必须遵循的规范、标准及所要达到的要求的补充。

零件图是表达设备中某一零件的图纸。在实际生产制造过程中，如果在总装配图或部件装配图中没有表达清楚的零件，都需要单独绘制该零件的零件图。零件图是制造和检验零件的依据，也是组装和维修时所需要的主要技术文件之一。零件图的内容与总装配图基本相同，只是零件图是针对具体的零件，表达零件的形状、各部分的结构尺寸和相对位置，以及在制造、装配、检验、试验、安装时所要遵循的规范、标准及所要达到的要求等。零件图的编号与部件装配图或总装配图编号应一致。

2. 施工图纸需确认的内容

在制造压力容器之前，必须要对压力容器的施工图纸进行确认，只有符合法规、规范条例和标准的图纸才能用于制造压力容器。

（1）图纸的图面要求　施工图纸的幅面和格式应符合国家标准的规定：布局、幅面、图框、标题栏、比例、字体等。零部件图样齐全，图面布置、各种尺寸、管口符号、管口方位及材料和数量等应表示清晰、正确。

（2）图纸的有效性　制造压力容器的图纸必须是经过图纸设计单位的设计审批程序后晒制的蓝图。压力容器的设计总图（蓝图）上必须加盖设计资格印章，复印总装配图及复印章无效。设计资格印章上的单位名称必须与图纸上的设计单位名称一致。设计资格印章失效的图纸和已经加盖竣工图章的图纸不得用于制造压力容器。设计总图应当按照有关安全技术规范的要求履行审批手续。

设计总图（即总装图）上应有设计、校核、审核（审定）人员的签字。在第Ⅲ类中压反应容器、储存容器、高压容器和移动式压力容器的总图上，应有压力容器技术负责人的批准签字。某些第Ⅲ类压力容器除提供全套图纸以外，还应向制造单位提供相应的设计强度计算书。

设计总图上划分的容器类别应在本单位取得的压力容器制造许可证范围之内，不能接受制造许可证范围以外的压力容器图纸。

（3）技术内容的正确性　技术要求符合《固定式压力容器安全技术监察规程》及 GB 150—2011、GB/T 151—2014、GB 12337—2014、NB/T 47015—2011《压力容器焊接规程》等规定。

总装图上技术特性表中的设计参数：工作温度、工作压力、设计温度、设计压力、焊接接头系数和介质名称等应齐全无遗漏。水压试验压力、气密性试验压力应与设计压力和设计温度相对应。

（4）技术内容的先进性　总装配图和部件图中明细表的零件、标准件和外购件的材料标准或制造、检验、验收标准应是最新的国家标准或行业标准。

设备的结构形式，主要受压元件和密封元件的材料，应是同行业推荐的新结构、新材料。

（5）图纸内容的一致性　零部件之间及零部件与主体之间的相互位置、装配关系和连接尺寸应明确，无矛盾。

（6）制造的可行性　根据本单位现有的制造能力、机械设备水平、通用工艺标准、作业指导书、焊接工艺评定、库存或采购材料情况、热处理条件和人员资格条件等，审查将要制造的压力容器施工图纸及其技术要求实施和满足的可行性、确定合理的工艺方案和加工方法，确保最终制造完成的压力容器产品达到图纸及其技术文件的要求，符合《固定式压力容器安全技术监察规程》(TSG 21—2016)的规定。

3. 施工图纸的识读

为了弄清楚设备和零部件的名称、数量、装配关系、安装、焊接、检验的要求,从而编制设备制造工艺流程图,我们需要对施工图纸进行识读。

(1) 概括了解　概括了解图纸所表达的设备名称,各零部件的名称,以及标准件与外购件的规格、标准和数量等。分析各视图的表达方案,找出各视图间的投影关系和各视图表达的重点内容。

(2) 详细分析　进一步理解图纸所表达的内容和提出的加工、装配、检验和试验的要求,以及对原材料和某些过程的特殊要求等。

(3) 归纳总结　归纳总结出整个设备的结构特点、工作原理、装配关系和性能要求,进一步了解设备的设计意图和装配工艺。

练一练:

按照施工图审查与识读的要求,对本书中给出的图纸进行审查和识读,写出审查和识读结果。

4. 压力容器施工图纸的确认程序

① 营销部门对接收到的压力容器蓝图及其技术文件进行初步核对,确认图纸数量和份数无误后转交给制造单位的工艺部门。

② 工艺部门负责人组织各专业技术人员,对压力容器的蓝图及其技术文件按上述要求进行逐条确认。

③ 对图面不符合要求的图纸及无效的图纸应及时退回营销部门,由营销部门负责向压力容器的委托单位索要有效的图纸和符合要求的图纸。

④ 当发现图纸中的相关确认内容不全或图面表达内容及技术内容有疑点或差错时,工艺人员应将所有问题汇总后填写在审图记录表上,通过营销部门反馈给委托单位,由委托单位进行相应的修改、补充或完善。

⑤ 当委托单位对审图记录表中需要修改、补充或完善的内容回复以后,工艺部门应再次核实,符合要求后进行下一步确认工作。

⑥ 符合要求后的图纸由工艺人员在压力容器的总装图(蓝图)和主要受压元件的零件图(蓝图)上加盖制造单位的工艺确认章。

⑦ 经工艺责任工程师再次审核合格,在工艺确认章的签名栏和日期栏签署姓名(或盖章)及确认日期。

⑧ 经过确认合格后的图纸才可以用于施工,因此确认合格后的图纸才能叫作施工图。在施工图上由工艺人员负责编制压力容器产品编号,并在所有施工图样上注明产品编号、件号和数量及制造注意事项等内容。

⑨ 工艺人员下发施工图至各有关部门。

各有关部门在接到压力容器的施工图后,首先对施工图纸上与本部门有关的技术内容和技术要求进行考量,判断本部门能否完成或达到这些技术要求。例如,考察在原材料、制造工艺装备、检验和检测手段、焊接材料、焊接工艺评定、热处理、压力试验、表面处理及吊装和运输等方面有没有条件。如果现有条件满足不了制造该施工图所绘制的压力容器产品的要求，那么应在准备投料生产之前提出本部门还应解决哪些问题。各部门在对施工图进行细致分析（研读）的基础上，提出初步解决问题的方法或建议，为压力容器施工图纸的工艺会审做好准备。

5. 施工图纸的工艺会审

制造厂各部门对施工图纸研读后，由压力容器质量保证工程师组织各部门负责人、工程师进行制造工艺审查，汇总图纸中存在的问题，经过讨论、商议提出处理意见，并确保制造产品的质量、最佳制造工艺性和技术经济性。

在质保工程师主持下，各有关部门在研读施工图的基础上，针对本部门负责的内容提出施工图纸中是否有需要修改、完善的内容，为了完成制造任务还有哪些问题需要解决。例如，在原材料、制造工艺装备、检验和检测手段、焊接材料、焊接工艺评定、热处理、压力试验、表面处理及吊装和运输等方面有没有条件，如果现有条件不能满足，那么在准备投料生产之前，本部门还应解决哪些问题，这些问题如何解决，需要多长时间才能解决，是否影响交货期，是否需要对外协作等。

（1）与原材料有关的会审内容　审查本厂现有库存材料与施工图纸中的材料规格、材质和验收标准是否一致，以及库存数量是否足够。如果不够应及时与到会的营销、工艺、采购、焊接和无损检测等部门负责人进行沟通，决定是采购材料还是用库存其他的材料进行代替，并向图纸设计单位办理材料代用手续。

如果要采购材料，那么需要落实采购所需材料的规格、材质和验收标准、采购数量及材料到货日期等。另外，还应考虑材料的产地、检验和复验及无损检测的要求等。

（2）与制造工艺有关的会审内容　审查本厂现有的通用工艺能否满足产品施工图纸的要求，现有的工装设备能力（车床加工精度、车床加工直径、加工高度和允许载重、刨边机加工长度、卷板机卷筒长度和卷筒厚度、封头及膨胀节冲压胎具规格、热处理炉的大小、车间天车起吊吨位和起吊高度、压力试验机具的压力等级和胀管机具的能力等）是否足够。如果本厂现有的通用工艺和工装设备无法满足产品施工图样要求时，需制订新的制造工艺方案，编制新的制造工艺流程图，同时可能还需要设计工艺模具、设计特殊加工工装，编制必要的外协、外购计划等。

当执行本厂通用工艺需要对施工图中的技术要求进行修改或调整时，应向委托单位或原设计单位提出对产品施工图样中或制造技术协议中的技术条款进行修改的书面申请。例如，施工图中要求容器封头为整体冲压成形，而现有封头胎具为球片胎具，则能否将容器封头改为球瓣拼接成形，就需要向委托单位或原设计单位提出书面申请。

（3）与焊接工艺有关的会审内容　审查施工图纸要求的焊接材料、焊接方法和焊后热处理要求是否符合 NB/T 47015—2011《压力容器焊接规程》或图纸设计规范及标准的要求。按这些要求审查施工图纸需要哪些焊接工艺评定，这些评定本厂是否都已覆盖，是否有成熟的焊接工艺和焊接工艺指导书。审查施工图纸中各零部件的焊接材料、焊接方法及焊接位置需要哪些焊工资格，这些焊工资格本厂焊工是否具备。审查施工图纸要求的焊接材料、焊接设备和焊后热处理装备本厂是否具备。

当本厂现有焊接工艺评定不能覆盖产品施工图纸受压元件的焊接结构时，需提出对缺项编制焊接工艺指导书，并进行焊接工艺评定的说明。焊接工艺评定中需要哪些牌号和规格尺寸的材料，在本厂是否有库存，如果没有库存则要及时向材料责任工程师提出，并与采购部门负责人进行沟通和协商，预估完成焊接工艺评定的日期，与营销、工艺、车间等部门负责人共同讨论，制订一个合理的压力容器生产进度计划。否则，焊接工艺评定工作很可能影响压力容器的交货期。

当本厂焊工资格不全时，应及时提出焊工培训和取证计划，对培训人员、人员数量和取得焊工资格证的时间进行确定，否则也会影响压力容器的交货期。当施工图纸要求的焊接材料、焊接设备和焊后热处理装备本厂不齐备时，应及时提出焊接材料采购计划、焊接设备采购计划及焊后热处理协作计划等。

（4）与过程检验有关的会审内容　审查施工图纸中的特殊部位尺寸、特殊尺寸公差的要求、加工表面粗糙度和位置度偏差的要求是否符合机械设计规范、标准的规定，以及这些要求可不可以进行检测。

审查施工图纸中及其设计规范中要求的零部件的厚度、尺寸公差和位置偏差测量工具是否齐备；筒体圆度、焊缝棱角度和壳体直线度检测量具、样板和配套钢丝线等是否齐备；碳钢表面涂覆的油漆漆膜厚度及不锈钢表面的酸洗钝化程度检验、检测仪器以及试验药品是否齐备等。审查各种检测器具是否已经过标定，并且是否在标定的有效日期之内；各种检测器具的精度是否符合施工图纸的精度等级要求。

（5）与无损检测有关的会审内容　审查施工图纸要求及其设计规范要求的零部件的无损检测方法、检测设备和检测仪器及检测合格级别要求是否合理，在本厂范围内能否进行检测，检测人员的资格级别是否符合相应要求。

如果某些部位的无损检测方法和要求不合理，则应立即向营销部门负责人提出，并及时向委托单位或原设计单位反映，进行修改或完善。

（6）与其他部门有关的会审内容　与对外协作部门有关的会审内容主要有：热处理、力学性能试验和化学成分分析、封头冲压及厚壁筒体的卷制、大型零部件、锻件的加工等对外协作工作能否满足施工图纸的要求，能否按制造进度要求及时完成等。与对外营销部门有关的会审内容主要有：施工图纸中需要修改的或完善的问题能否与委托单位或原设计单位沟通、协商和解决，估算协商解决问题需要的时间。例如，材料代用获得同意的可能性及可能审批完的日期等。另外，其他内容如设备的包装、吊装、出厂和运输及安装是否有困难等。此外，会审的内容可能还有与设备、计量和设计等部门有关的其他内容。

压力容器施工图纸工艺会审以后，由工艺员负责填写压力容器图样审查意见表，记录下图样中存在的主要问题和相应的处理意见，并交材料、焊接和工艺等主要专业责任工程师会签，第Ⅰ类压力容器图样审查意见表还需本厂总工程师（或技术负责人）签署意见。压力容器图样审查意见表作为压力容器投料前的关键技术文件，应及时下发至各相关部门，作为下料、加工、焊接、检验、包装或运输的技术依据。

四、制定技术文件

施工图纸工艺会审后，就可以编制制造工艺文件了。压力容器制造、组装等工艺过程用文字形式写出来，形成文件，称为制造工艺文件，又称为制造工艺规程，其指导生产的全部过程。

1. 制造工艺流程图

制造工艺流程图是根据现有装备技术条件，从保证容器制造质量和具有最佳工艺性的前提出发，按照容器的结构特点和加工、检验及组装的技术要求而编制的加工过程顺序图。如

图 2-5 所示为换热器的制造工艺流程图。

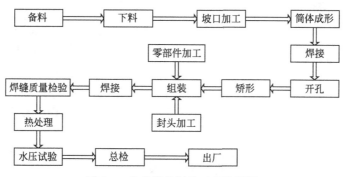

图 2-5 换热器的制造工艺流程图

制造工艺流程图应在重要工序和关键工序之后设置检查点和主要控制点（停止点），它是生产部门安排生产和检验部门实施检验的主要依据。

2. 工艺过程控制文件

工艺流程图是对设备制造的工艺内容和工序顺序的总体设计，对于每一道工序的具体实现，还要编制工艺过程控制文件（如工艺规程、工艺过程卡等，统称为工艺文件），给出加工零件所用的方法或设备、加工过程应控制的规范参数、加工精度、质量要求等。

工艺流程和工艺过程控制文件是设备制造的重要依据，由制造工程技术人员进行编制。工艺文件编制过程大体包括以下步骤：首先，对施工图纸进行审核，主要审核图纸批准手续的合法性，图纸技术要求标准的规范性，零部件的规格、材质、数量和重量的准确性，图样结构尺寸的相符性，图纸的技术要求提出的有关制造工艺的可行性；然后，选定加工方法，确定设备中各零部件的加工工艺路线，绘制工艺流程图；最后，根据零部件的形状和技术要求以及制造厂工装设备的情况，按现行技术标准规范的要求，编制工艺过程卡，确定整个设备制造所要采用的工艺和技术措施，提出完整的工艺过程控制文件，以指导设备制造生产全过程。

（1）筒节（封头）拼板排版图和开孔图　筒节（封头）拼板排版图是根据容器施工图纸中壳体（封头）的展开尺寸需要，利用现有宽度和长度尺寸的钢板进行合理拼接而绘制的排版图。排版图中注明了壳体（封头）的展开尺寸、拼版数量、每块板的尺寸和相邻两块板纵向焊缝接头错开尺寸及焊接接口的坡口形式。

开孔图是根据施工图纸中壳体（封头）上人孔、接管等零件的需要而切割开孔的说明图。开孔图中注明了开孔的位置、尺寸和坡口等。

筒节（封头）拼板排版图和开孔图是指导筒节（封头）下料、组对、开孔、检验及编制制造工艺过程卡和焊接工艺卡的主要技术文件之一，如图 2-6 所示。

（2）制造工艺过程卡　一台设备的制造工艺是由一叠卡片组成，包括制造工艺过程卡目录、零件制造工序过程卡、组装工序过程卡等。每张卡片记录了某一零件或组件加工制造的路线，包括每一道工序、工序要求，以及工序所用的设备、操作者、检查人员等。

制造工艺过程卡按台编制，对主要受压元件应做到一件一卡，由主管工艺员编制，工艺责任工程师审核后发至生产班组，随零件的加工工序流转，每个工序完成后，操作者、检验员分别填写操作记录，签名并签署完成日期，从而保证每一个零部件及整台设备质量控制的可追溯性，又称"流卡"，如图 2-7 所示。

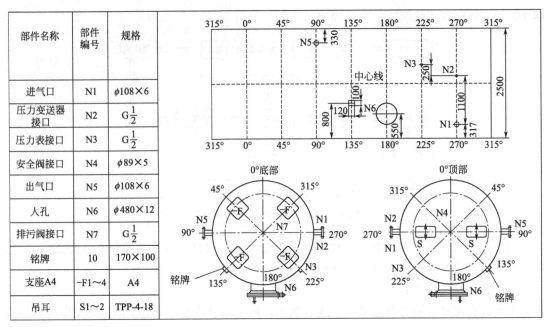

部件名称	部件编号	规格
进气口	N1	φ108×6
压力变送器接口	N2	G$\frac{1}{2}$
压力表接口	N3	G$\frac{1}{2}$
安全阀接口	N4	φ89×5
出气口	N5	φ108×6
人孔	N6	φ480×12
排污阀接口	N7	G$\frac{1}{2}$
铭牌	10	170×100
支座A4	-F1~4	A4
吊耳	S1~2	TPP-4-18

图 2-6 筒节（封头）拼板和开孔部件布置排版图

产品零件制造工序过程卡

中国石化集团　　　　　　　日期：2021年2月2日　　　　　　卡片号 1　共1页 第1页

工作令号	壳-9224B	名称	吊耳	图号	AR808-01	件号	1-2、5-5 21-5	件数	1、2
材质	Q235A	供应状态		材料规格	δ—10	材料定额 全部数量 0.05 单件数量	单位 m²	全部重量 3.94 单件重量	kg kg 容器类别

序号	工序名称	工序说明	工种或设备	工作者	检验分类 H W E	检验员 本厂 三方	工时定额	接收车间
1	备料	材料具有质量证明书						
2	下料	按图下料，5件	铆工					
3	数控	数控切割	数控					
4	清理	清除熔渣	铆工					
5	划	按图划φ25孔	划线工					
6	钻	按图钻φ25孔及倒角，去除毛刺	Z35					
7	检	几何尺寸						
8	切割	按图切坡口	气焊					
		清除熔渣	铆工					
9	检							

工艺员：解天文　　　　　校核：程继后　　　　　定额员：

总页数：11　顺序号：10

图 2-7 产品零件制造工序过程卡

（3）焊接工艺卡　焊接工艺卡是指导焊工焊接操作，确保焊接质量的工艺文件。

每台设备必须编制相应的焊接工艺卡,又称焊接指导书。焊接工艺卡由一叠卡片组成,包括焊缝编号分布图(图2-8)、焊材规格数量汇总表和焊接(接头)工艺卡(图2-9)。

焊缝编号分布图是根据筒节拼板开孔图和封头拼板图,以及施工图纸要求绘制,直观反映设备上分布的接头类型、所在的位置,按照 GB 150—2011 规定,容器主要受压部分的焊接接头分为 A、B、C、D 四类,其中,A、B 类属于对接接头,C、D 类属于角接头,A、B 类接头的要求高于 C、D 类接头。

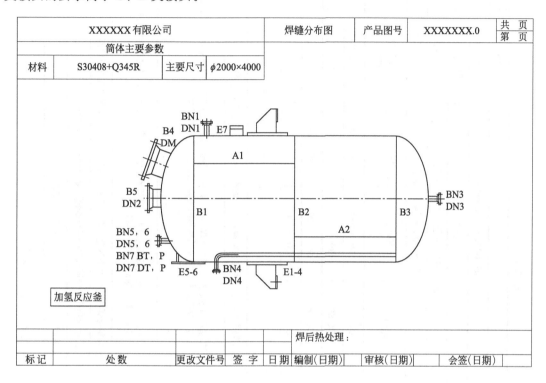

图 2-8 焊缝编号分布图

五、认知制造材料要求

1. 材料的选择

压力容器制造常用钢材中有钢板、钢管、棒材和锻件等,其中以钢板的需求为最大,主要用作设备的主体(即壳体)。钢材必须备有质量合格证明书,而且还应符合有关钢制焊接压力容器对材料的规定。我国 GB 150—2011《压力容器》和特种设备安全技术规范的 TSG 21—2016《固定式压力容器安全技术监察规程》对压力容器的制造材料都有明确要求。压力容器的选材应当考虑材料的力学性能、化学性能、物理性能和工艺性能,同时还要考虑经济性。钢材选择合理与否不仅关系到整台产品质量的好坏,而且还关系到产品的生产周期和成本。

钢材的质量包括内在质量与宏观质量两个方面:内在质量是指钢材的化学成分和机械性能;宏观质量主要指钢材内外面是否存在裂纹、斑点、夹层和结疤等缺陷。

钢材的化学成分和机械性能一般在出厂时就由钢厂填写在质量保证书里了;对质量保证书不同的钢材或用作重要结构的钢材,都必须由制造厂检验或复检化学成分及机械性能指

质量手册表：X-X		修订版次：X		修订版次：X		修订版次：X		共 页 第 页
施工号	0205-505	产品名称	封头拼缝 δ=12+3	设备类型	MZ-1-1000、KR-500等	工艺编号		XXXX
件 号		设备类型		焊接位置	平焊	预热温度		/
母 材	20g+316L	焊接位置		无损检测	100% X-RT、面层100%PT(成型后)	层间温度		复层≤60℃
PQR号	HP0101	无损检测		合格等级	JB4730-94 Ⅲ级合格、Ⅰ级合格	焊后热处理		/
焊工资格	M/Rb1/4-5	合格等级				产品规格型号		/

焊接层-道	焊接方法	焊材牌号规格/mm	电源极性	焊接电流/A	焊接电压/V	焊接速度/(mm/s)/(m/h)	Ar/CO₂流量/(L/min)
1～3	SAW	H08A/HJ431 φ4.0	DC RP.	500～550	30～32	28～32 (m/h)	/
过渡层	GMAW	ER 309L φ1.2	DC SP.	180～200	28～32	3.5～4.5	20～25
面 层	GMAW	ER 316L φ1.2	DC SP.	180～200	28～32	2.5～3.5	20～25
点固焊	SMAW	E4315 φ3.2	DC RP.	120～130	24～26	1.3～1.4	/

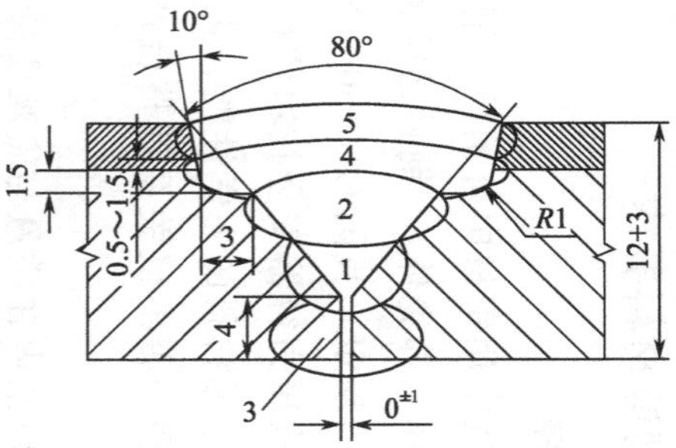

焊缝编号	焊 接 要 求 及 说 明
A101	1. 施焊前在不锈钢复合钢板坡口两侧各150mm内涂白垩粉防飞溅。 2. 基层自动焊时，背面垫焊剂垫，碳弧气刨清根，打磨干净后焊满基层。再焊过渡层、最后焊面层。过渡层施焊前及焊后均须由检验人员认可后方可焊面层。 3. 自动焊基层时须特别注意不得将基层金属沉积在复层上。如基材焊材焊入复层，则应用角向砂轮彻底打磨干净后，方可焊复层。 4. 复层焊接时采用小规范，直焊不摆动或微摆动，层间温度加以控制。 5. 过渡层焊缝应同时熔合基层焊缝、基层母材和复层母材。

坡口尺寸、焊道分布和焊敷顺序

编制：XXX　　　审核：XXX　　　年　月　日

图 2-9 焊接工艺卡

标，并要求符合有关标准的规定。若钢材的化学成分和机械性能不能满足规定要求时，则不能投入使用，当钢材为抗晶间腐蚀的不锈钢时，除满足上述要求外，还必须通过晶间腐蚀倾向性试验，否则不能使用或作降级使用。

《固定式压力容器安全技术监察规程》对材料的部分要求：

① 压力容器的选材应当考虑材料的力学性能、化学性能、物理性能和工艺性能。

② 压力容器用材料的质量、规格与标志，应当符合相应材料的国家标准或行业标准的规定，其使用方面的要求应当符合本规程引用标准的规定。不同规格的钢材厚度允许误差见表2-1。

③ 压力容器专用钢板（带）的制造单位应当取得相应的特种设备制造许可证。

④ 材料制造单位应当在材料的明显部位做出清晰、牢固的钢印标志或采用其他方法的标志，实施制造许可的压力容器专用材料、质量证明书和材料上的标志内容还应当包括制造许可证编号。

⑤ 材料制造单位应当向材料使用单位提供质量证明书，材料质量证明书的内容应当齐全、清晰，并且盖有材料制造单位质量检验章，质量证明书主要内容见图2-10。

产品名称	热轧不锈钢板	订货单位	×××	收货单位	×××	订单号	0000113781—0000230	车号	4231151
序号	1	批号	50034215c	箱号	FA90157760k25	炉号	A1101402		
牌号	06Cr19Ni10	规格/mm	6×1500×6000	重量/t	3.426				
化学成分(熔炼分析)/%									
C	Si	Mn	P	S	Cr	Ni	Cu	Al	N
0.08	0.75	2.0	0.030	0.020	19.23	8.73			0.10
序号	执行标准	交货状态	抗拉强度	屈服强度				断后伸长率	冲击功
				纵向屈服	横向屈服	屈服(0.2)	屈服(1.0)		
1	GB/T 24511—2009	固溶酸洗	520					40	
冷弯	晶间腐蚀	硬度							
		HB	HRB	HRC	HV				
合格	201	92		210					
申明：本产品已按上述要求制造并检验，其结果符合要求，特此证明									

图 2-10 产品质量证明书主要内容

⑥ 对压力容器专用钢板，由材料制造单位直接向压力容器制造单位供货时，双方商定钢板质量证明书的份数；由非材料制造单位供货时，材料制造单位应当分别为每张钢板出具质量证明书。

⑦ 压力容器制造单位从非材料制造单位取得压力容器用材料时，应当取得材料制造单位提供的材料质量证明书原件或加盖材料供应单位检验公章和经办人章的复印件（压力容器专用钢板除外）；压力容器制造单位应当对所取得的压力容器用材料及材料质量证明书的真

表 2-1 钢材厚度允许误差

单位：mm

公称厚度	负偏差	宽度的厚度允许误差										
		>1000~1200	>1200~1500	>1500~1700	>1700~1800	>1800~2000	>2000~2300	>2300~2500	>2500~2600	>2600~2800	>2800~3000	>3000~3200
>13~25	0.8	0.2	0.2	0.3	0.4	0.6	0.8	0.8	1	1.1	1.2	
>25~30	0.9	0.2	0.2	0.3	0.4	0.6	0.8	0.9	1	1.1	1.2	
>30~34	1	0.2	0.3	0.3	0.4	0.6	0.8	0.9	1	1.2	1.3	
>34~40	1.1	0.3	0.4	0.5	0.6	0.7	0.9	1	1.1	1.3	1.4	
>40~50	1.2	0.4	0.5	0.6	0.7	0.8	1	1.1	1.2	1.4	1.5	
>50~60	1.3	0.6	0.7	0.8	0.9	1	1.1	1.1	1.2	1.3	1.5	
>60~80	1.8			1	1	1	1	1.1	1.2	1.2	1.3	1.3
>80~100	2			1.2	1.2	1.2	1.2	1.3	1.2	1.3	1.4	1.4
>100~150	2.2			1.3	1.3	1.3	1.4	1.5	1.3	1.6	1.6	1.6
>150~200	2.6			1.5	1.5	1.5	1.6	1.7	1.5	1.7	1.8	1.8

实性和一致性负责。

2. 材料复验与标志移植

GB 150.4—2011《压力容器 第 4 部分：制造、检验和验收》第 5 章"材料复验、分割与标志移植"中，对压力容器材料复验、材料标记移植做了相应规定。

（1）材料复验　对于下列材料应进行复验：

① 采购的第三类压力容器用 N 级锻件；

② 不能确定质量证明书真实性或者对性能和化学成分有怀疑的主要受压元件材料；

③ 用于制造主要受压元件的境外材料；

④ 用于制造主要受压元件的奥氏体不锈钢开平板；

⑤ 设计文件要求进行复验的材料。

材料复验要求：

① 奥氏体不锈钢开平板应按批号复验力学性能（整卷使用者，应在开平操作后，分别在板卷的头部、中部和尾部所对应的开平板上各截取一组复验试样；非整卷使用者，应在开平板的端部截取一组复验试样）；其他材料应按炉号复验化学成分，按批号复验力学性能。

② 材料复验结果应符合相应材料标准的规定或设计文件的要求。

③ 低温容器焊条应按批进行药皮含水量或熔敷金属扩散氢含量的复验，其检验方法以相应的焊条标准或技术文件为准。

（2）材料标记移植

① 制造受压元件的材料应有可追溯的标志。在制造过程中，如原标志被裁掉或材料分成几块时，制造单位应规定标志的表达方式，并在材料分割前完成标志的移植。

② 有防腐蚀要求的不锈钢以及复合钢板，不得在防腐蚀面采用硬印标记。

③ 低温容器受压元件不得采用硬印标记。

练一练：

图 2-11 两张图中钢材和管材采用何种标记方法？

图 2-11　标记方法

本任务中介绍了压力容器制造工序和压力容器制造前的技术准备，请在完成各个练习

后，编制任务中储气罐装配图工艺流程图，并角色扮演压力容器施工图纸确认程序中的各相关责任人，针对该装配图进行压力容器施工图纸的确认程序，填写图纸会审记录及产品技术特性表。

图纸会审记录

产品编号		产品名称		容器类别		制造标准	
产品图号		产品规格		数量		设计单位	

审图记录：		处理意见：
1.工艺评定是否覆盖	□是 □否	1.5项焊接工艺评定全覆盖
2.焊工资格和焊接方法是否满足	□是 □否	2.焊工有资格证,主要焊缝在焊接中心焊接
3.是否热处理	□是 □否	3.图纸未要求热处理,外协件需提供热处理报告
4.是否增加工装设备	□是 □否	4.增加二级库烘干设备、坡口加工设备、检验样板、水压试验机、测厚仪、化学成分光谱仪、超声波磁粉检查仪等
5.能否满足生产要求和解决措施	□是 □否	5.主要部件封头、人孔外协,无损检查、理化试验外包
发现问题：		审查结论:通知设计单位更改设计

工艺员		时间	
焊接质控系统责任人		检验质控系统责任人	
审查人			

产品技术特性表

产品编号：		产品技术特性表		工艺编号：	
产品图号：				容器类别：	
产品名称：		第 页 共 页		设计单位：	

产品名称		图号		数量		规格		材质	
序号	技术特性		特性指标		备注				
1	设计温度								
2	设计压力								
3	最大允许工作压力								
4	介质名称								
5	容积								
6	压力容器净重								
7	焊缝系数								
8	腐蚀裕度								
9	热处理要求								
10	压力试验要求								

考核分类	项目	完成情况与能力提升评价		
		达成目标	基本达成	未达成
知识与技能考核	认知压力容器结构			
	认知压力容器制作工艺过程			
	审查与识读施工图纸			
	制定技术文件			
	认知制造材料要求			
	反思提升			
素质能力考核	工匠精神			
	职业精神			
	科学精神			
	劳动精神			

任务二
预处理、展开及划线

学习目标

知识目标

(1) 掌握压力容器的筒体和封头放样展开知识；

(2) 熟悉压力容器排版图的制定；

(3) 熟悉材料复核、号料、净化和矫形概念与方法；

(4) 熟悉压力容器钢材划线方法与注意事项。

能力目标

(1) 能对压力容器进行展开和号料；

(2) 能编制压力容器排版图；

(3) 能对压力容器钢板找正。

素质目标

(1) 通过壳体展开计算，培养精益求精、一丝不苟的工匠精神和求真务实、积极探索的科学精神；

(2) 通过互联网查寻、小组讨论完成练习，培养团结协作、诚信友善的职业精神和吃苦耐劳的劳动精神。

上一任务讲解了制造压力容器的准备工作,编写了储气罐的制造工艺文件并验收了材料,本节任务继续介绍压力容器的制作,完成钢材(图2-12)的预处理、展开及划线工作。

图2-12 钢材

石油化工设备大多由圆筒体加上各种形状的封头所组成。筒体是由一定长度的钢板经弯卷变形后焊接而成;封头是由一定尺寸的圆形坯料冲压而成。坯料的长度或直径可通过计算得到。对于筒体上的接管开口(如人孔)或其他异形结构,则需要利用图解法制作成图形样板。划线和下料就是根据展开尺寸或图形样板进行的。

一、放样展开

1. 放样展开简述

展开是压力容器制造过程中最重要的工作环节之一,将压力容器壳体的立体表面依次摊开在平面上可得到立体表面的展开图,由于圆筒体、圆锥体、方圆过渡体及球体等的几何形状各不相同,因此展开的方法也有差异。根据设计图样上的图形和尺寸确定零部件展开尺寸的方法,通常有以下几种:

(1)作图法 根据零部件施工图纸的规格尺寸,用绘图工具如直尺、划规和划针按投影原理和展开原理画出放样图的方法。近年来随着计算机技术的发展,借助某些绘图软件可以将展开图快速而准确地完成。

(2)计算法 按展开原理或压(拉)延变形前后面积不变的原则推导出计算公式的方法。

(3)实验法 通过实验公式确定形状较复杂零部件坯料的方法。此方法简单、方便。

(4)综合法 对于计算过程复杂的零部件,可对不同部位分别采用不同的方法,甚至需要采用实验法予以验证。

由直线运动所产生的曲面，即两相邻素线相互平行或相交的曲面，均属于可展曲面，例如圆柱面与锥面等。除上述曲面外，其他所有的曲面都是不可展曲面，例如本任务中筒体是可展曲面，封头是不可展曲面。上述四种方法中经常使用的是计算法和作图法。

2. 圆柱形筒体的展开

正圆柱面在展开时可以精确地计算出来，正圆柱面展开后为一矩形。对于化工设备壳体零部件的加工制造，一般可近似认为钢板的中间面即为中性层，即在加工过程中长度保持不变，因此，在下面各例中均以壳体的中间面作为展开计算的基准。圆筒体展开长度尺寸的计算，以图 2-13 为例：

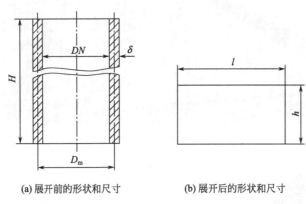

(a) 展开前的形状和尺寸　　　　(b) 展开后的形状和尺寸

图 2-13　圆筒体放样展开

薄壁容器壳体的展开公式
$$l = \pi(DN + \delta)$$
$$lb = \pi DH$$

式中　l——圆筒的展开长度；

　　　b——圆筒的展开宽度；

　　　DN——圆筒的公称直径，钢板卷制筒体 $DN = D_i$；

　　　D_m——圆筒的中径（$D_m = DN + \delta$）；

　　　D_i——圆筒的内径；

　　　H——圆筒的长度；

　　　δ——圆筒的厚度。

在实际排版计算材料时，要根据现有钢板的宽度 b 和筒体的设计长度，市场供求状况以及本单位卷板机的生产能力来选择合适钢板规格、筒节数量和所需钢板重量。同时注意单个筒节长度一般不小于 300mm。筒体公称直径 DN 应符合标准的要求，如表 2-2。

表 2-2　筒体公称直径 DN　　　　　　　　　　　　　单位：mm

筒体公称直径									
300	350	400	450	500	550	600	650	700	750
800	850	900	950	1000	1100	1200	1300	1400	1500
1600	1700	1800	1900	2000	2100	2200	2300	2400	2500
2600	2700	2800	2900	3000	3100	3200	3400	3400	3500

续表

筒体公称直径									
3600	3700	3800	3900	4000	4100	4200	4300	4400	4500
4600	4700	4800	4900	5000	5100	5200	5300	5400	5500
5600	5700	5800	5900	6000					

3. 无折边锥形壳体（封头）的展开

无折边锥形壳体展开后为扇形，大端中径 D、小端中径 d、锥顶角 β 已知，需求展开后的圆心角 α、小端展开半径 r 和大端展开半径 R。由图 2-14 所示的几何关系得各个参数表达式：

$$R = l = \frac{D/2}{\sin(\beta/2)}$$

$$r = \frac{d/2}{\sin(\beta/2)}$$

$$\alpha = \frac{360°S}{2\pi R}$$

其中大端展开弧长 $S = \pi D$，$R = l$，则有

$$\alpha = 360°(D/2)/l = 360°\sin(\beta/2)$$

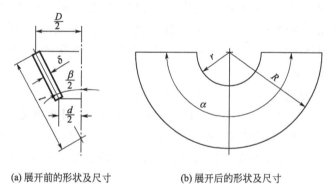

(a) 展开前的形状及尺寸　　(b) 展开后的形状及尺寸

图 2-14　无折边锥形壳体放样展开

4. 椭圆形封头的展开

椭圆形封头、球形封头、碟形封头都属不可展开的零件，但生产中冲压加工或旋压加工时毛坯料（展开后的图形）都为圆形，所以只需求出展开后的半径或直径即可。

椭圆形封头展开计算一般有如下三种方法：

（1）等面积法　该法认为板材在成形前后的面积是不变的。椭圆形封头展开前的表面积由直边部分表面积和半椭球表面积组成。标准椭圆形封头展开时坯料直径的公式为：

$$D_w = \sqrt{1.38(D_i + \delta)^2 + 4Dh}$$

式中　D_w——标准椭圆形封头展开毛坯直径；

　　　D_i——标准椭圆形封头内径；

　　　h——标准椭圆形封头直边高度。

（2）等弧长法　假定主断面上的弧长在成形前后相等，即展开圆直径与椭圆形封头中间面弧长相等。半椭圆曲线长可由积分求得后，再加 2 倍直边高可得：

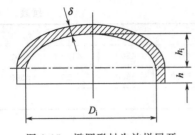

图 2-15 椭圆形封头放样展开

对于标准椭圆形封头有
$$D_w = 1.214 D_i + 2h$$
式中 D_i——标准椭圆形封头内径；
h——标准椭圆形封头直边高度。

（3）经验法 常用的椭圆形封头经验展开直径尺寸
$$D_w = KD + 2h$$
式中 K——经验系数，标准椭圆形封头 $K=1.19$；
D——中径；
h——直边高度。

对于椭圆形封头的展开计算，等弧长法近似程度较大，计算结果偏大，等面积法较为精确，经验法简单易用，计算结果居中。因此，其他几种凸形封头一般均用等面积法进行展开计算。

练一练：

请为本书中装配图中的设备储气罐计算出筒体和封头的展开面积。

二、绘制筒体排版图

压力容器制造用排版图，是制造工艺技术文件中一项很重要的内容。排版图主要是用于反映压力容器壳体及其部件的拼接情况和焊缝位置的布置。它是压力容器壳体及其部件下料、组装和焊接成整体的依据，是制造中每道工序操作所必须遵守的一种特殊的技术文件。

1. 排版图的基本要求

① 排版图必须严格遵守 GB 150—2011《压力容器》、TSG 21—2016《固定式压力容器安全技术监察规程》、GB/T 151—2014《热交换器》等现行标准规范及施工图纸要求。

② 制定压力容器壳体排版图时应充分考虑本单位的生产加工能力，例如用剪板机下料时应考虑剪裁宽度、卷板机可卷制圆筒的最宽尺寸等。若排版超出生产加工能力，那么下料后的工序将无法进行。

③ 制定排版图时应根据现有库存材料或市场常用材料尺寸选择合适的排版方案，在满足上述两条要求的前提下既能节约原材料又能保证最少的工作量，尽可能地提高经济效益。

2. 排版图的内容

① 排版图中应准确地标出零部件的件号、所用原材料的材质和规格、零部件展开尺寸、开孔直径及位置、拼接焊缝及拼接尺寸、焊缝位置等。

② 排版图应明确显示方位线，并注意排版图中筒体、封头的方位线旋转顺序应与施工图纸中方位线相一致。

3. 拼接排版要求

① 相邻筒节的 A 类焊缝的距离或封头、膨胀节的 A 类焊缝与相邻筒节的 A 类焊缝的距离应大于筒体厚度的 3 倍，且不小于 100mm。

② 尽可能使筒节展开长度方向与钢板的轧制方向一致。

③ 确定板料的最佳长度应以展开计算尺寸为依据，拼焊焊缝的数量尽可能少，最短筒节长度应不小于 300mm。

④ 最充分地使用板料，减少边角余料，提高材料利用率。

⑤ 容器内件与筒体相焊的焊缝尽量避开筒体上的纵、环焊缝；接管开孔、接管补强圈和支座、吊耳等的垫板尽可能避开焊缝；卧式容器水平中心线下部20°以下范围内尽可能不设置纵焊缝。

⑥ 封头的板料宜采用整板，如需拼接时各板必须等厚，尽可能选用同一张钢板。封头的毛坯厚度应考虑工艺减薄。

⑦ 封头各种不相交的拼焊焊缝中心线间的距离至少应为封头板材厚度的3倍，且不小于100mm。

4. 选料原则

压力容器用原材料的规格选择应根据图纸要求选择合适的尺寸，同时这也是压力容器制造工艺部门在确定压力容器筒体、封头排版图前应解决的问题。原材料规格选择的原则是既要减少制作过程中的工作量，同时又要提高原材料的利用率。

选料原则：

① 尽量减少拼接。
② 切割余料可用。
③ 边角余料要少。
④ 材料利用率要高。

三、复核、号料与预处理材料

1. 材料复核

生产部门在接到工艺部门的相关技术文件如《压力容器铆工工艺》（其中包括排版图）后，应根据"工艺消耗额定明细表"所需材料同保管员共同填写"压力容器领料单"，领料时必须经材料检查员核对后方可领用，材料领用后操作人员在排料前还应对照"压力容器领料单"逐项确认，确定无误后方可进行排料。

2. 号料

号料是根据施工图纸及工艺技术文件要求直接在原材料上标出所号材料用途的操作。

标记原材料的详细内容，便于毛坯料的下料、入库和领料管理及追踪，避免发生材料混用。号料前要核对所号原材料的材质和规格，应与施工图纸及工艺技术文件一致。号料的标记要清晰，不锈钢和有色金属材料用龙胆紫或记号笔标记，碳钢材料用白油漆或红丹漆标记。

3. 钢板净化

钢板的表面净化是对钢材运用特定的方法在划线、切割、焊接加工之前和经过切割、坡口加工、成形、焊接之后，去除表面的油污、铁锈、杂质、氧化皮等。表面净化的方法大体分两类：机械法和化学法。化学法主要有酸洗、碱洗、盐洗等。机械法主要有砂轮机打磨[图2-16(a)]、喷砂[图2-16(b)]、抛丸处理。有些钢板出厂时，大都会喷一层防护漆来避免腐蚀，防护漆不影响以后的加工和焊接，此时，表面净化这一工序就可省略。下面介绍喷砂法和抛丸法。

（1）喷砂法 喷砂法采用压缩空气为动力，以形成高速喷射束将喷料（通常为均匀的石英砂）高速喷射到需处理的工件表面，使工件表面的外表或形状发生变化。由于磨料对工件表面的冲击和切削作用，使工件的表面获得一定的清洁度和不同的粗糙度，使工件表面的机械性能得到改善，因此提高了工件的抗疲劳性。一般而言，喷砂效果主要由零件材料及喷砂

(a) 砂轮机打磨

(b) 喷砂

图 2-16 表面净化

磨料决定。根据零件材料的不同,喷砂磨料范围可从效果强烈的金属磨料到效果柔和的树脂磨料,同时从环保和降低对工人健康危害的角度考虑,干喷砂与液体喷砂也是重点考虑的因素。喷砂法是目前国内常用的一种机械净化方法,主要用于型材和设备大表面的净化处理,效率高,但粉尘大,对人体有害。喷砂的工作原理如图 2-17 所示。

（2）抛丸法　抛丸法的原理是用电动机带动叶轮体旋转（直接带动或用 V 形皮带传动），靠离心力的作用,将直径约在 0.2～3.0mm 的小钢丸或小铁丸高速抛向工件的表面,使工件的表面达到一定的粗糙度,使工件变得美观,或者将工件的焊接拉应力变为压应力,提高工件的使用寿命。抛丸机装置如图 2-18 所示。

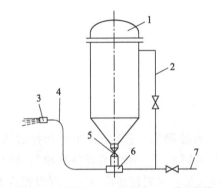

1—砂斗；2—平衡管；3—喷砂嘴；4—橡胶软管；
5—放砂旋塞；6—混砂管；7—导管

图 2-17 喷砂装置工作原理

图 2-18 抛丸机装置

抛丸法有以下特点：

① 灵活性差。受场地的限制,清理工件较随机,在工件内外表面易产生清理不到的死角。

② 不用压缩空气加速弹丸,不必设置大功率的空压站。

③ 清理表面不易有潮气,不容易生锈。

④ 设备结构比较复杂,易损件多,特别是叶片等零件,维修工时多,费用高。

⑤ 清理效率高,费用低,操作人员少,容易实现自动化控制,适用于大批量生产。

4. 矫形

钢材在轧制、运输、装卸和堆放过程中,由于自重、支承不当或装卸条件不良及其他原因,可能会产生弯曲、扭曲、翘曲、波浪变形及表面不平等变形。当这些变形超过一定程度时,会给尺寸的度量、划线、剪裁及其他加工带来困难,而且会影响到成形后零件的尺寸和几何形状的精度,从而又会影响到装配、焊接和整个产品的质量。所以在下料划线前应予以矫形。钢材在加工过程中,也会由于受力不均等工艺原因和其他原因而使工件产生变形,为不影响下道工序的加工和确保加工质量,也须进行矫形。另外,在装配焊接之后,工件也会因焊接等原因,产生某些变形,也须矫形,此为成品矫形。

矫形就是使钢材或工件在外力作用下产生与原来变形相反的塑性变形,以消除弯曲、扭曲、皱褶、不平等现象,从而获得正确形状的过程。钢板的弯曲以及其他任何变形,都是由于其中一部分纤维被拉长而另一部分纤维被压缩的缘故。因此,矫形就是将长纤维缩短或将短纤维拉长的过程。在实际矫形中,因压缩纤维更为困难,故皆采用拉长纤维的方法。

矫形可分为冷矫形和热矫形两种,通常采用冷矫形。热矫形仅在强力弯曲或缺乏设备及不能采用冷矫形的情况下进行。热矫形的温度范围视钢材的含碳量及其合金成分而定。对于一般低碳钢(含碳量≤0.3%),热矫形的温度限制在800~950℃之间,若温度过高,可能会引起金属晶粒变粗和过烧,但矫形时温度低于800℃,钢材又会因硬化变脆而发生裂纹。热矫形一般又分整体矫形和局部矫形。整体矫形需在炉内加热;局部矫形只需火焰喷嘴进行加热就可以了。对于不锈钢类钢材,一般不宜采用热矫形,倘若一定要用热矫形,则须采取相应的热处理措施才行。

矫形的方法按操作方法的不同,可分为手工矫形、机械矫形和火焰矫形三种。

手工矫形:通常是将钢板放在平台(平板)上,用大锤锤击或者用专用工具进行矫形。手工矫形的工具有大锤、手锤及用于型钢的各种型锤。但应尽量避免击伤表面,如采用材料比工件软的锤,或垫薄板。一般用于尺寸较小的局部变形。例如大型塔器或已完成组装的设备零部件等,当因某种原因而引起局部变形、瘪塌时,采用手工矫形简单易行得多。

机械矫形:将钢板或型钢放在专用矫形机上进行矫形。机械矫形的原理与手工矫形一样,也是通过反向弯曲来达到矫形的目的。矫形机分压弯式和滚弯式两种。压弯式工作是间断地进行,一般都在通用压力机上完成,如油压机、水压机、螺旋压力机等。工件的摆放及压下量的控制全凭工人操作,故矫形质量及效率依工人操作水平而异,如图2-19(a)所示。

火焰矫形:利用金属热胀冷缩的物理特性,采用火焰局部加热金属,热膨胀部分受周围冷金属的制约,不能自由变形,而产生压缩塑性变形,冷却后压缩塑性变形残留下来,引起局部收缩,即在被加热处产生聚结力,使金属构件变形获得矫正,如图2-19(b)所示。

四、下料划线

将展开后得到的样板或由计算而得的展开尺寸,按1:1的比例划到钢板或毛坯工件上的工序称为下料划线(图2-20),它是设备制造中的关键。该工序的成败会影响下面工序的正常进行,甚至会使产品报废。因此,下料划线必须在校对好各有关尺寸之后再进行。在单件小批量多品种的生产中,下料划线的效率较低;成批生产时,常常采用按样板进行套料的

(a) 机械矫形

(b) 火焰矫形

图 2-19 矫形

下料划线法，故不仅省工省料，而且对操作者的技术水平要求也不高。

1. 下料划线的方法

（1）图解法（样板划线） 按照零件实际尺寸制成的展开样板进行划线的方法称作图解法或图解划线法。它通常在不可能用计算法或者用计算法较麻烦的情况下采用。

（2）计算法（直接划线） 零件的有关尺寸是通过计算而求得的。通常是根据图纸上的形状和尺寸直接在材料上划线。

图 2-20 下料划线

对于有的零件，如小锥度的锥筒等，下料划线时亦可采用二者相结合的方法。在设备制造中，为了方便查对，一般应尽可能地采用图解法进行下料划线。

2. 下料划线的有关注意事项

① 确定零件的加工工序，才能在下料划线时给出合理的加工余量。一般型钢和管子采用气割时，需留 2～3mm 气割损耗余量；当一般钢板采用气割时，若不须再切削加工，则所留余量可参照表 2-3。

表 2-3 钢板加工余量　　　　　　　　　　　　　　　　　　　单位：mm

钢板厚度	加工余量
11～20	3
21～29	4
30～35	5
36～40	6
41～50	7

对于法兰，气割后如果还须切削加工，其加工余量可参照表 2-4。

对于矩形及其他形状的零件，经气割之后若还须加工，加工余量（不包括气割余量）一般可参照下述值：500mm 以内每边加大 3mm，510～1000mm 每边加大 4mm，1000～2000mm 每边加大 6mm。

表 2-4　钢板法兰的加工余量　　　　　　　　　　　　单位：mm

钢板厚度	法兰外径	平面加工余量
28 以下	ϕ1000 以内	10
	ϕ1100～3000	12
30～60	ϕ1000 以内	12
	ϕ1100～3000	14
60～100	ϕ1000 以内	14
	ϕ1100～3000	16

② 对长度要求较严格的部件，如热交换器、球形容器及塔器等，其筒节拼缝处还应预留焊缝收缩余量（中薄板结构每条焊缝约 2mm）。

③ 为了保证加工尺寸的精确度及防止下料尺寸线模糊不清，可用样冲眼或凿子眼等来表示某些加工线，如有的制造厂用凿子眼表示切割线，而用样冲眼表示折角线或中心线。板料上应准确划出实际用料线、切割线、检查线和中心线，如图 2-21 所示；管料应准确划出实际用料线、中心线和切割线。

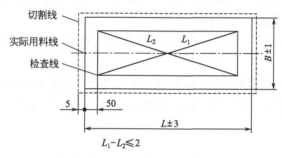

图 2-21　划线及公差要求

④ 需卷圆的筒节、接管还应在板料上标明展开长度尺寸、弯曲方向和边缘加工坡口角度等，相同件号的若干板料还应标明数量和顺序号。

⑤ 划线人员必须严格遵守"先移植后消除"的原则进行材料的标记移植。

⑥ 板料上划线尺寸允许下偏差为零，上偏差见表 2-5。

⑦ 管料划线尺寸允许偏差见表 2-6。

表 2-5　板料划线尺寸允许上偏差　　　　　　　　　　单位：mm

板料长度	每边长度偏差	两对角线之差
≤2000	+1.0	1.5
2000～4000	+1.5	2.5
>4000	+2.0	4.0

表 2-6　管料划线尺寸允许偏差　　　　　　　　　　　单位：mm

管料长度	≤300	300～2000	>2000
划线允许误差	0～+1.0	0～+1.5	0～+2.0

3. 划线的尺寸

前面讲到，实际划线尺寸还应考虑各个工序的加工余量，如筒节组对时的焊缝坡口间隙、筒节卷制的伸长量、边缘加工余量、焊缝收缩量等，归纳出排版图各个尺寸的计算公式：

压力容器壳体排版图给出的尺寸为：

$$L = L_{展} - \Delta_{间} - \Delta_{变} + \Delta_{收}$$

切割下料尺寸为：

$$L_{划} = L_{展} - \Delta_{间} - \Delta_{变} + \Delta_{收} + \Delta_{加}$$

即　　　　　切割下料尺寸＝实际用料尺寸＋切割余量＋划线公差

式中　L——筒节的实际展开尺寸（实际用料线尺寸）；

$L_{展}$——筒节的理论展开尺寸；

$L_{划}$——筒节在钢板上实际划线尺寸；

$\Delta_{间}$——筒节体组对的间隙焊缝坡口间隙，它主要是考虑焊接组对时坡口间隙，坡口间隙的大小主要由坡口形式、焊接工艺、焊接方法等因素来确定；

$\Delta_{变}$——筒节卷制伸长量，与被卷制筒节直径大小、板厚、材质、卷制次数、加热条件等有关；

$\Delta_{收}$——焊缝收缩余量，与材料的膨胀系数有关，还与焊接方法、焊接工艺、筒节厚度、焊缝长度等有关；

$\Delta_{加}$——边缘加工余量，主要考虑内容为机加工（切削加工）余量和热切割加工余量。

4. 筒体划线方法

(1) 找正　通过划线在钢板原材料上划出符合尺寸精度要求的矩形，保证板的宽度线与长度线垂直。方法有对角线找正法、圆周角找正法和勾股定理找正法等，以图 2-22 为例详细介绍圆周角找正法。

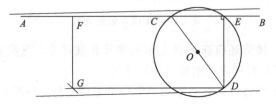

图 2-22　圆周角找正法示意图

① 沿钢板长度方向的一边划一直线 AB，在直线 AB 与钢板原始板边之间留出刨边加工余量。

② 连接 AB 上一点 C 和（B 点对应板宽的）另一边上一点 D，以 CD 的中点 O 为圆心，以 CO 为半径划圆，交 AB 线于点 E，则直线 $DE \perp AB$。

③ 若圆筒形壳体或接管的展开长度为 L，在 AB 上取点 F，使 $EF=L$。然后以点 F 为圆心、以 DE 长度为半径划弧，与以点 E 为圆心、以 DF 为半径的圆弧交于点 G，连接 FG 和 GD。

④ 划好矩形 $DEFG$ 后，复核其对应边 $EF=DG$，$FG=ED$，对角线 $DF=EG$。

(2) 划线　在找正后的矩形板料上再进行划线。首先要划出实际用料线，然后划出切割线。

(3) 中心线　中心线确定出钢板卷制成圆筒体后组装时所需的 4 条中心线的位置，并在板料上划出这4条中心线。

（4）样冲眼　划线经过检查合格后要在中心线的两端各打上 3~5 个样冲眼，以便在钢板卷制、矫圆和热处理等工序完成后还能找到中心线。

（5）标记移植　在钢板划线时对制造受压元件的材料应有确认的标记（如打上冲眼、涂上标号），如原有标记被截掉或材料分成几块，应按照《固定式压力容器安全技术监察规程》要求，在材料切割前完成标志准确、清晰、耐久的移植工作。材料标记或代号的保留和移植，是保证制造过程中不会用错材料，并为检验和监督人员识别材料标记提供方便。在钢板切割之前，先将标记移植到被切开而又无标记的那一块钢板上，而且应经检验人员复检并打上检验人员的确认标记。这样在每一个材料标记代号下，都有一个检验确认标记。对仅有材料标记代号而无检验确认标记的材料，按标记管理和标记移植制度规定不得使用。如材料标记在加工中被去除，加工后应立即恢复，且经检验员确认。对于可用的余料，必须在下料的同时，由操作者做好标记移植，经检查员核对确认后，方可退库。

练一练：

请把纸假想为钢板，为储气罐筒体划线。

本任务介绍了压力容器的筒体和封头放样展开知识；压力容器排版图的制定；材料复核、号料、净化和矫形的概念与方法；压力容器钢材划线方法。现请你为本书中的储气罐填写筒体、封头工艺文件卡（制造工艺只需填写到划线）。

压力容器部件布置排版图

部件名称	部件编号	规格	

编制：　　　　年　月　日　　　审核：　　　　年　月　日

压力容器制造工艺过程卡

产品名称		产品编号		产品图号			制造工序				
部件编号		材质		规格			材料入库代号				
代用材料		代用材料规格		代用材料入库号			数量				

序号	工序名称	工艺内容	技术要求	质控符号	工装设备	操作者	日期	检验					简图说明
								检验项目	实测值	结论	签字	日期	
1													
2													
3													
4													

考核分类	项目	完成情况与能力提升评价		
		达成目标	基本达成	未达成
知识与技能考核	放样展开			
	绘制筒体排版图			
	复核、号料与预处理材料			
	下料划线			
	反思提升			
素质能力考核	工匠精神			
	职业精神			
	科学精神			
	劳动精神			

任务三
切割与坡口加工

学习目标

◉ **知识目标**

（1）熟悉各种切割工艺的方法及原理；
（2）熟悉坡口加工的意义及方法。

◉ **能力目标**

（1）能简述各种切割工艺的原理和方法；
（2）能简述坡口加工方法。

◉ **素质目标**

（1）通过了解切割工艺、坡口加工方法，填写工艺文件，培养精益求精、一丝不苟的工匠精神和求真务实、积极探索的科学精神；
（2）通过互联网查寻、小组讨论完成练习，培养团结协作、诚信友善的职业精神和吃苦耐劳的劳动精神。

在上一个任务中介绍了该设备筒体、封头的号料、展开及划线工作，本节任务我们需要对已划线的钢板切割和坡口加工（图2-23）。

图2-23　钢板切割和坡口加工

化工设备的坯料都要经过切割加工，以便得到所需要的形状和尺寸，并为以后成形、拼装和焊接作好准备。在焊接前还要对工件的边缘进行加工，以得到各种形式的坡口。

金属的切割方法很多，归纳起来就是两大类：一类是机械切割，如剪切机剪切、锯床切割等；另一类是热切割，如火焰切割、电弧切割（包括等离子弧）及激光切割等。

一、认知氧-乙炔切割（气割）

1. 氧-乙炔切割（气割）的原理及其应用

氧-乙炔切割是火焰切割应用中最广泛的一种，其是利用可燃气体与氧气混合燃烧的火焰热能将工件切割处预热到一定温度后，喷出高速切割氧流，使金属剧烈氧化并放出热量，利用切割氧流把熔化状态的金属氧化物吹掉，而实现切割的方法。金属的气割过程实质是铁在纯氧中的燃烧过程，而不是熔化过程。乙炔是有特殊气味的可燃性气体，具有燃烧温度高、燃烧速度快、价廉和方便等优点，故氧-乙炔切割的使用非常普遍。

当金属材料具备如下各基本条件时，即可采用气割：

① 金属的燃烧温度应低于它的熔化温度，否则会因为未进行燃烧反应就已先行熔化而不能变成液态熔渣流走。

② 所生成的金属氧化物的熔化温度应低于金属的熔化温度，否则金属氧化物会在金属表面形成一层固态薄膜而不易被吹掉，从而阻碍了下一层金属的氧化，使切割难以进行。

③ 所生成的金属氧化物（即熔渣）的流动性要好，否则熔渣将粘于切口而难以吹走，

这样不仅影响切口质量,而且还会妨碍切割过程的顺利进行。

④ 金属燃烧应能释放大量的热,从而保证切割过程能持续进行。

⑤ 金属的热导率较小,这样会因热量集中而使切割处能快速地达到燃烧温度。

综上所述,低碳钢、普通低合金钢适合氧-乙炔气割,而铝、铜、铸铁和含铬大于 4%~5% 的高铬钢以及耐酸钢应采用普通气割方法。

2. 氧-乙炔切割的过程

氧-乙炔切割的过程如图 2-24 所示。

① 点燃氧-乙炔混合气体的预热火焰,将切割金属预热到 1350℃(工件表面发红)。

② 向预热金属喷射纯氧,使高温下的铁在纯氧气流中剧烈燃烧。

③ 高速的纯氧气流将燃烧生成的氧化物从切口中吹掉。

④ 工件燃烧放出的潜热使附近的金属预热,移动割嘴使金属燃烧,切割连续进行。

3. 气割设备

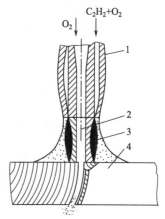

图 2-24 氧-乙炔切割示意图
1—割嘴;2—氧气流;
3—燃烧火焰;4—工件

气割设备主要是割炬和气源。手工操作的气割割炬,用氧和可燃气体的气瓶或发生器作为气源。半自动和自动气割机还有割炬驱动机构或坐标驱动机构、仿形切割机构、光电跟踪或数字控制系统。大批量下料用的自动气割机可装有多个割炬和计算机控制系统。接下来简单介绍氧气瓶、乙炔气瓶、氧气减压器和割炬。

(1) 氧气瓶 氧气瓶是储存和运输氧气的专用高压容器,常用氧气瓶的压力为 14.7MPa。它是由瓶体、瓶箍、瓶阀和瓶帽四部分组成,其瓶体外部有两个防震胶圈,瓶体外部涂天蓝色油漆,并用黑漆标明"氧气"两字,用以区别其他气瓶。

氧气瓶在使用过程中每隔三年应检验一次,其目的是及时查清氧气瓶的安全状况,及时发现缺陷和隐患以避免事故的发生。有关气瓶的使用、运输、储存等其他方面应遵循《气瓶安全监察规程》的规定。

(2) 乙炔气瓶 瓶装乙炔是利用乙炔易溶于某些有机溶剂的特性,又以多孔填料作为溶剂的载体,将乙炔在加压的条件下,充入乙炔气瓶中。在 15℃ 以下充装压力不得超过 1.5MPa,超过 15℃ 时最高限定压力应相应降低。乙炔瓶体通常被漆成白色,并漆有"乙炔"红色字样,气瓶内装有浸入丙酮的多孔填料,使乙炔能在 1.5MPa 压力下安全地储存在瓶内。乙炔瓶放置地点不得靠近热源和电气设备,与明火距离不小于 10m,有关乙炔气瓶的使用、运输和储存遵循《溶解气瓶安全监察规程》的规定。

(3) 氧气减压器 氧气减压器又称氧气表,其作用是将氧气瓶内高压气体的压力降低到工作时所需要的压力并输送到割炬内。为了保证切割的稳定性,应要求减压器的工作压力不随瓶内氧气的消耗而变化,能稳定地维持在调整好的工作压力上。常用的减压器为单级反作用式。

(4) 割炬 割炬是气割工件的主要工具,其将氧气和乙炔以一定的比例进行混合后形成一定能量的预热火焰,同时在预热火焰中心喷射一定压力的切割氧,从而保证切割连续进行。

割炬按预热火焰中氧气和乙炔的混合方式不同分为射吸式和等压式两种,其中以射吸式割炬的使用最为普遍，其结构、外观如图 2-25 所示。先转动乙炔手轮，打开乙炔控制阀，再转动燃烧氧气手轮，使乙炔和氧气以一定比例混合。高压氧气由射流泵喷嘴高速射出，连续带走吸入室的空气，在吸入室内形成低压区，被抽升的液体燃料在大气压力作用下进入吸入室内，两股流体在喉管中进行能量的传递和交换。工作流体的速度降低，被吸入流体的速度增加，直到喉管出口，使两者的流速和压力趋于一致，然后经扩散管使部分动能转化为压力能后，经由管道输送到割炬的喷嘴，在割嘴处与切割氧混合燃烧，达到切割金属的目的。切割氧通过切割气管和切割氧气手轮形成通路，从割嘴中心喷出。

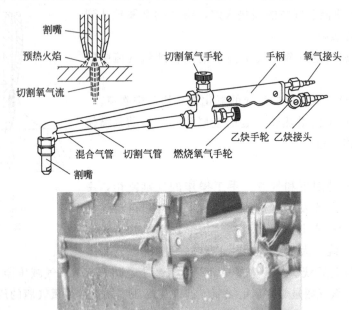

图 2-25 射吸式割炬

 练一练：

简述氧-乙炔切割过程。

二、认知机械切割

前面介绍了气体切割的原理、设备及其使用。因气割具有设备简单、操作方便和流动性好（可进行修配作业及野外作业）等优点，故在工业生产中应用较广。但当用气割对大批量薄板进行直线切割时，则有速度慢、操作温度高以及劳动强度较大等缺点。而采用机械切割便可弥补以上不足。

在石油化工设备的制造中，机械切割一般分为两种：剪切与锯割。板料大多用剪切；锯割主要用于切割型钢或管子。

剪切用的剪板机有平口剪板机（两剪刃平行）和斜口剪板机（两剪刃交叉）两种，如图 2-26 所示。前者常用于剪切窄而厚的条料，后者多用来剪切幅面较宽的板料。剪板机实物如图 2-27 所示。

平口剪板机的下剪刃是固定在工作台上的。当钢板放进两剪刃之间时，只要将上剪刃往下移动便可切断钢板，如图 2-28 所示。为了不使钢板在剪切时翻倒，可用压具压紧钢板。

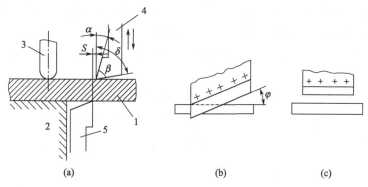

图 2-26 剪切示意图

1—被剪切的钢板；2—工作台；3—压夹具；4—上剪刃；5—下剪刃

图 2-27 剪板机实物

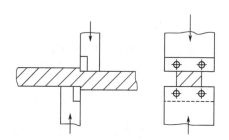

图 2-28 平口剪板机切割示意图

斜口剪板机的上下两刀片成一个角度，如图 2-29 所示，斜口剪板机剪切力比平口剪板机小，故电动机功率及整机重量等大大减小。剪切开始时，板料仅有一部分与上剪刃接触，当板料一边被剪裂并继续剪切时，板料便会随上剪刃的下行而逐渐从裂口处裁开，直至分离成两部分。当上剪刃的下降距离与钢板厚度相等时，其所形成的剪断面为平行四边形（图 2-30 中所示的平行四边形 $CDEF$）。因此，上剪刃继续下降并直至剪切完毕，即可看成是连续不断地切去了无数个与平行四边 $CDEF$ 相等的平行四边形。

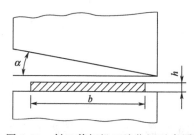

图 2-29 斜口剪切机刀片位置示意图

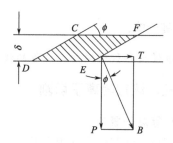

图 2-30 剪断面

目前，剪切加工中广泛使用斜口剪板机。国产剪板机的剪切厚度一般为 20～50mm。剪板机所规定的最大剪切厚度一般是指低碳钢的最大剪切厚度。对于普通低合金钢和不锈钢类钢材，因其冷作硬化现象严重，以及剪切抗力较大等，故所能剪切的最大厚度亦相应比碳钢小。

圆盘剪板机的剪切部分是由一对圆形滚刀组成,如图 2-31 所示,适宜剪切长度很长的条料。而且剪床操作方便,生产效率高,所以应用较广泛。

剪曲线的剪板机有滚刀斜置式圆盘剪板机(图 2-32)和振动式斜口剪板机(图 2-33)两种。

砂轮切割在型钢切割中应用很广泛。砂轮切割是利用砂轮片高速旋转时,与工件摩擦产生热量,使之熔化而形成割缝。应用最广的砂轮切割工具是可移式砂轮切割机,它由切割动力头、可转夹钳、中心调整机构及底座等部分组成。

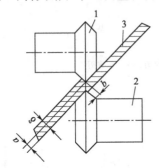

图 2-31 圆盘剪板机工作原理图
1—上滚刀;2—下滚刀;3—钢板

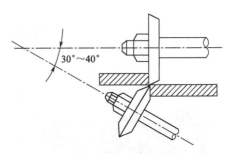

图 2-32 滚刀斜置式圆盘剪板机工作示意图

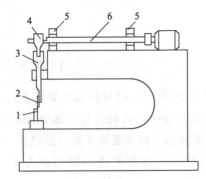

图 2-33 振动式斜口剪板机示意图
1—下剪刀;2—上剪刀;3—刀座;4—连杆;5—轴承;6—偏心轴

图 2-34 砂轮机

练一练:

请说出各种机械加工设备的使用范围。

三、认知等离子切割

1. 等离子概念

等离子切割法是利用高温、高速的等离子弧来切割金属的方法。产生等离子的原理是:将气态物质放在密封的容器中加热,物质分子的运动速度将随温度的升高而加快,碰撞也更加剧烈,并使结成分子的原子相互脱离;当原子速度继续增快且碰撞作用力大于原子核和电子之间的作用力时,带负电荷的电子就会脱离带正电的原子核而成为自由电子,此时原子本身便成为带正电的离子,该现象就称作电离(电离时还有强烈的光发出)。这种完全由电子和正离子所组成的物质称作等离子体,其形态是固态、液态和气态之外的第四态,即等离子态。在这个过程中,能量使分子与分子之间彻底分离,原子分裂。通常的原子由原子核中的质子和中子,以及包围在原子核周围的电子组成。等离子态时,电子从原子中分离出来。一旦热能使电子脱离了原子,电子就开始了高速运动。电子带负电,剩下的原子核带正电。当高速运动的电子撞击到其他的电子或是离子时,将释放出巨大的能量。正是这些能量使等离子态有着特殊的性质,从而可以切割金属。

2. 等离子切割机的原理

等离子切割是电弧切割的一种,如图2-35所示。它利用压缩强化的电弧,使气体介质被充分电离,获得一种比电弧温度更高、能量更集中,具有很大的动能和冲刷力的等离子焰流,将切口处金属迅速熔化,随即由高速气流把熔化的金属吹走,使金属或非金属材料分离。

图 2-35 等离子切割

3. 等离子切割特点

等离子切割机配合不同的工作气体(氩、氢、氮、氧、空气、水蒸气以及某些混合气体)可以切割各种氧气切割难以切割的金属,尤其是对于有色金属(不锈钢、铝、铜、钛、镍)切割效果更佳;其主要优点在于切割厚度不大的金属时,等离子切割速度快,尤其在切割普通碳素钢薄板时,速度可达氧气切割法的5~6倍,切割面光洁、热变形小、几乎没有热影响区。

4. 等离子切割设备

如图2-36所示为等离子切割的工作示意图。工作时,先将点弧开关1打开,从而接通电源,使柱状电极4与割嘴5通过限流电路分别呈现正、负极,然后将氩气(或氮气)开关

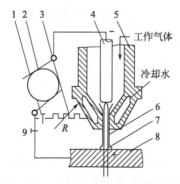

图 2-36 等离子切割工作示意图

1—点弧开关;2—直流电流;3—限流开关;4—柱状电极(电量);
5—割嘴(紫铜或铜合金);6—等离子弧;7—气体绝缘套;8—工件;9—切割弧开关

微微开启，引出小电弧（这种电弧不能喷到割嘴外面）准备切割。当割嘴对准工件后，再打开切割弧开关 9，将工件接入正极，此时开大氩气（或氮气），便会引出等离子烈焰弧。此后，只要连续不断地移动割炬，便可得到一条光洁的割缝。

练一练：

请写出等离子弧切割的实质、提高等离子弧切割的精度和速度的办法，并解释等离子弧切割不受气割条件限制的原因。

四、认知碳弧气刨

碳弧气刨在以碳棒为一极，工件为另一极的回路中，利用碳棒与工件电弧放电而产生的高温，将金属局部加热到熔化状态，同时借助夹持碳棒的气刨钳上通入的压缩空气将熔化的金属吹掉，从而达到对金属进行切削或切割的目的，如图 2-37 所示。

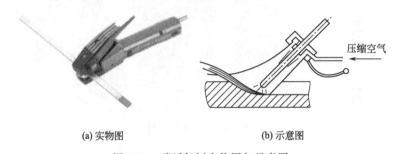

(a) 实物图　　　　　　　(b) 示意图

图 2-37　碳弧气刨实物图与示意图

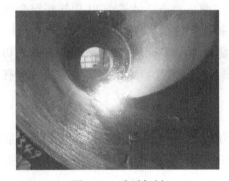

图 2-38　碳弧气刨

在压力容器制作中，碳弧气刨常用于不锈钢容器的开孔，双面焊时清焊根，对有缺陷的焊缝进行返修时清除缺陷，开 U 形坡口，切割不锈钢等金属的异形工件，如图 2-38 所示。

碳弧气刨在生产实际中常作为一种辅助切割，主要用于氧气切割难以切割的金属，如铸铁、不锈钢和铜等材料。气刨的优点是设备简单、成本低，对操作人员要求较低；缺点是在刨和削的过程中会产生一些烟雾、噪声，对人的健康有影响。

练一练：

叙述碳弧气刨的用途。

五、认知钢板边缘加工

1. 钢板边缘加工的目的

要想使制成的容器或设备能达到设计要求，并有足够的使用寿命，除对钢板质量有较为严格的要求外，还必须保证拼焊处的焊缝强度不低于原板材的质量指标。这对要求承受压力、温度或腐蚀介质作用的石油化工设备尤其显得重要。

采用手工电弧焊时，熔深一般仅有 2～3mm；若采用自动埋弧焊，其熔深也只不过 4～

8mm。当钢板厚度较大时，为保证焊接时能焊透，必须对钢板进行边缘加工。

边缘加工是焊接前的一道准备工序，目的是除去切割时产生的边缘缺陷，保证焊接的质量，钢板厚度较大时需要在焊缝处开坡口。

2. 坡口加工方法

（1）用氧-乙炔切割法进行板材的边缘加工　氧-乙炔切割法不仅能加工直线形坡口，而且还可方便地加工曲线形坡口。加工时所用的设备与一般切割钢板的切割机完全相同，而且还可用两个或三个割嘴同时进行坡口加工。

如图 2-39 所示为用两个割嘴气割 V 形坡口的情形。切割时割嘴 1 垂直于被加工表面，割嘴 2 与表面成一倾角 α，而两割嘴则应保持一定间距。当两割嘴始终按上述要求不断向前移动时，就可切出 V 形坡口。

如图 2-40 所示为用三个割嘴加工 X 形坡口的情形。切割时，割嘴 1 垂直于被加工表面，割嘴 2、3 分别居于割嘴 1 的两旁，而且相隔一定距离。当三个割嘴同时切割时，即可加工出 X 形坡口来。

氧气-乙炔火焰切割坡口通常和钢板的下料结合起来，而且多采用自动或半自动的气割方法进行，在缺乏这些设备或不适应时才采用手工气割。

（2）碳弧气刨坡口加工　开 U 形坡口由碳弧气刨和氧气切割联合完成。首先由碳弧气刨在钢板边缘做出半圆形凹槽。凹槽的半径应与坡口底部的半径相等。然后用氧气切割按规定的角度 θ 切割坡口的斜边，这个角度通常在 10°～30°左右。切出的斜边应在与凹槽的内表面相切的方向上，这样便可加工出 U 形坡口，如图 2-41 所示。

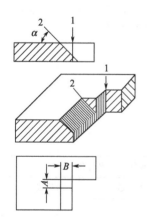 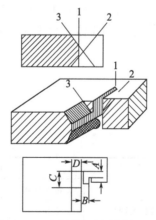 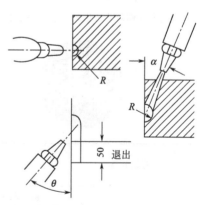

图 2-39　V 形坡口的气割加工　　图 2-40　X 形坡口的气割加工　　图 2-41　U 形坡口的气割加工

（3）刨边机加工坡口　刨边机加工坡口在压力容器制造行业十分普遍。刨边机的工作行程一般为 12m 左右，加工厚度在 200mm 以内。刨边机切削具有加工尺寸精确、质量好、生产率高的优点。

刨边机主要由床身、横梁、立柱、主传动箱、刀架、液压系统、润滑系统及电气控制系统等组成。加工时先将工件固定在刨边机的床身上，并用油泵压紧。由于刀架能沿床身做直线运动，因此在刨边机上可将钢板的边缘加工成各种形式的坡口，其外形如图 2-42 所示。

（4）车床加工坡口（图 2-43）　对于封头环焊缝、封头顶部中心开孔的坡口、大型厚壁筒体，均可在立式车床加工完成。其优点是对各类坡口形式都适宜，钝边及封头直径尺寸精度高。

图 2-42 刨边机

图 2-43 车床加工

上面所介绍的几种边缘加工，因各有优点，因此在设备制造过程中往往是几种方法混合使用。

练一练：

叙述边缘加工的方法及其加工精度对设备制造至关重要的原因。

本节任务介绍了钢板切割和坡口加工的概念和方法，请你利用本次任务的知识，选用合适的切割和坡口加工机械，对上一个任务中的筒体、封头的工艺卡进行补充。

考核分类	项目	完成情况与能力提升评价		
		达成目标	基本达成	未达成
知识与技能考核	认知氧-乙炔切割（气割）			
	认知机械切割			
	认知等离子切割			
	认知碳弧气刨			
	认知钢板边缘加工			
	反思提升			
素质能力考核	工匠精神			
	职业精神			
	科学精神			
	劳动精神			

任务四
卷制与成形

学习目标

知识目标

（1）熟悉钢板卷制成形的原理与方法；

（2）掌握封头成形的方法；

（3）掌握钢板卷制的步骤。

能力目标

（1）能简述钢板卷制成形的原理与方法；

（2）能简述封头成形的方法；

（3）能简述钢板卷制的步骤。

素质目标

（1）通过学习筒体、封头成形工艺，填写工艺文件，培养精益求精、一丝不苟的工匠精神和求真务实、积极探索的科学精神；

（2）通过互联网查寻、小组讨论完成练习，培养团结协作、诚信友善的职业精神和吃苦耐劳的劳动精神。

钢板在切割和坡口加工后的下一个工序就是钢板卷制和封头成形,本节任务需要对前面任务中切割和坡口加工的钢板完成储气罐的卷制和封头的成形,本节任务学习如图 2-44 所示的筒体卷制和封头冲压、旋压成形工艺。

图 2-44　卷制与成形

一、卷制筒体

卷制成形是单层卷焊式压力容器制造的主要工艺,筒节的卷弯过程是钢板弯曲塑性变形过程。在卷制过程中,钢板产生的塑性变形沿板厚方向是变化的,其外圆周伸长、内圆周缩短、中性层保持不变。外层纤维伸长得越多(或者说内层纤维压缩得越短),其变形程度也就越大。变形程度的大小取决于钢板厚度和弯曲半径。同样直径的圆筒,当钢板越厚或厚度相同而弯曲半径越小时,则钢板的变形就越大。冷弯钢板时,其变形程度应控制在一定范围,否则会使金属的机械性能恶化。特别是随着缺口敏感性较高的高强度钢的应用,对冷弯筒节外层纤维的延伸率则相应有更高的要求。

1. 卷板机的结构和工作原理

板料弯卷机简称卷板机,是容器制造的主要设备之一。容器制造厂一般都按各自不同的生产规模和产品特点配置有技术水平和卷板能力不同的各种类型的卷板机。卷板机的类型很多,性能也日益完善。特别是随着工业生产装置规模的大型化以及一些新工艺的应用,要求使用特大、特厚的容器,为适应制造这些特殊容器的要求,发展了一些重型卷板机,其冷卷能力可达到厚度×宽度为 200mm×4000mm,热卷厚度×宽度为 280mm×4000mm 以上。卷板机的基本功能是轧辊,最基本的分类是三辊卷板机(图 2-45)和四辊卷板机。

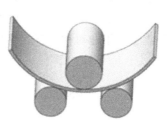

图 2-45 对称式三辊卷板机工作过程

(1) 对称式三辊卷板机　对称式三辊卷板机的三个辊按正三角形布置，上辊Ⅰ可以垂直升降，工作时上辊下压使钢板在上下辊之间发生塑性变形而弯曲，两个下辊Ⅱ、Ⅲ为驱动辊并起支撑钢板的作用，其两端采用滑动轴承，辊轴的轴线不移动，但下辊同向等速转动，通过板与辊之间的摩擦力带动钢板进、退完成卷制，如图 2-46 所示。

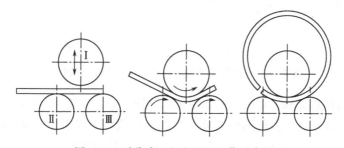

图 2-46　对称式三辊卷板机工作示意图

这种卷板机结构简单，价格便宜，在中小规格压力容器制造中应用广泛。但弯卷板料却无法全部弯卷，即在板料两端会各有一段（约为两下辊中心距离的一半的长度）平直部分无法弯卷，如图 2-47 所示。为了获得完整的圆筒形，在弯卷前必须将钢板的两端预制成所需弯曲半径的弧形，此项工作称为预弯。

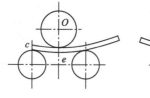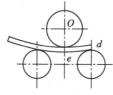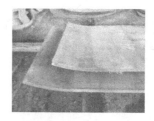

图 2-47　直边的产生和预弯

(2) 非对称式三辊卷板机　非对称式三辊卷板机以工作辊不对称配置为特点，上下工作辊轴心线形成的垂直面相对有一较小的偏移距离，且下工作辊可垂直升降，侧辊可倾斜升降，非对称式三辊卷板机如图 2-48 所示。上辊 1 装在下辊 2 的上面，电动机经减速机带动旋转，下辊可以在垂直方向进行调节。侧辊 3 装在下辊 2 的一侧，旁辊可沿 A 向调节。工作时板料处于上下辊之间，使板料的前端边缘进入侧辊，并将其放正，升起下辊，使板料紧紧地压在上下辊之间，如图 2-48(a) 所示。然后升起侧辊，预弯右板边，如图 2-48(b) 所示。启动电动机带动上下辊，使钢板移至图 2-48(c) 位置。再升起侧辊，预弯左板边，如图 2-48(d) 所示。最后启动电动机带动上下辊旋转，使钢板弯卷成形，如图 2-48(e) 所示。

由于上下辊加紧点前或后的板端很短,剩余直边一般仅达公称卷板厚度,预弯效果好,但若使板料完全弯卷,需进行二次安装,因而使操作复杂化了。同时由于这种卷板辊子排列不对称,若较厚的钢板采用非对称式三辊卷板机则无法弯卷。

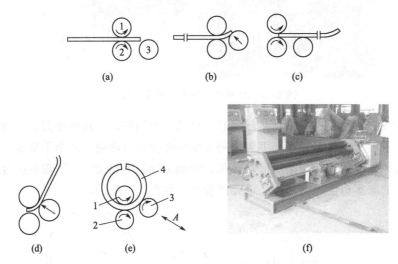

图 2-48 非对称式三辊卷板机工作示意图及实物图

(3) 对称式四辊卷板机　对称式四辊卷板机(图 2-49)上辊 1 为驱动辊,下辊 3 为从动辊,可上下垂直调节,两侧为辅助辊,可独立调节位置。上辊由电动机-减速器动力系统驱动,从动辊 3 可以上下移动以夹紧不同厚度的钢板,两侧辊可沿斜向升降以产生对钢板施加

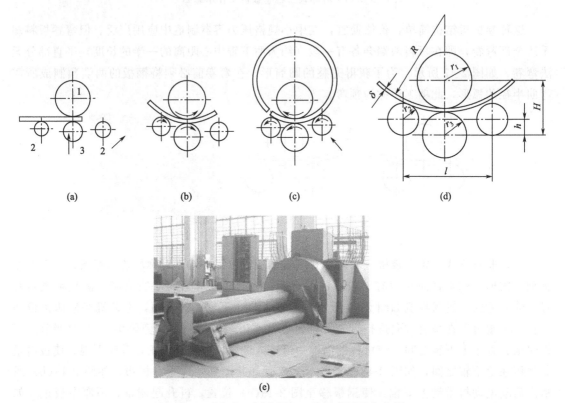

图 2-49 对称式四辊卷板机工作示意图及实物图

塑性变形所需要的力，工作时将钢板一端置于上下辊之间放正，下辊上升使钢板压紧，然后利用左侧辊的斜向移动使钢板端部产生预弯，开启电动机卷板至钢板另一端，再利用侧辊的斜向运动使钢板的另一端产生预弯。连续预弯几次后，达到需要的筒节曲率半径。

该卷板机的优点是操作方便，一次安装便可完成钢板的全部弯卷，且不留直边，其加工性能较为先进，但与三辊卷板机相比结构复杂，由于多了一个侧辊使得四辊卷板机的造价较高。近年来随着各种新型三辊卷板机的出现，四辊卷板机已有逐渐被取代的趋势。

2. 弯卷分类

根据卷板机的结构和卷板能力、钢材的强度、钢材的厚度及弯曲半径的不同，均值温度可分为常温、高温、中温，即冷卷、热卷和温卷。

（1）冷卷　冷卷是指在自然温度条件下进行的弯卷成形。冷卷不需要加热设备，不产生氧化皮、操作方便，成本低。钢板弯卷的塑性变形程度可用变形率表示。钢板弯卷的塑性变形程度沿钢板的厚度方向是不同的，外侧伸长，内侧缩短，中性层可以认为不变。

钢板越厚或厚度相同而曲率半径越小时钢板的变形就越大。在冷卷成形过程中，随着变形率的增大，金属会出现强度、硬度上升而塑性、韧性下降的冷作硬化现象，故应在冷卷钢板时限制其变形率，通常在生产中碳钢和低合金钢等的变形率控制在15%以内，若超出此范围则一般不采用冷卷，此时应采用热卷或温卷。

（2）热卷　热卷指弯卷成形终止温度不低于该材料退火或固溶热处理温度的塑性变形加工，一般碳钢和低合金钢应加热到950~1050℃之间，同时加热要均匀，操作要迅速，终止温度不应低于750℃；不锈钢加热到950~1100℃，终止温度不低于850℃。热卷能防止材料的冷加工硬化，减轻卷板机所需要的功率。同时也存在诸多缺点：如热卷操作困难，钢板加热到较高温度会产生严重的氧化现象。

（3）温卷　温卷指弯卷成形加热温度低于材料退火温度和材料出厂最终热处理温度中两者较低值的塑性变形加工。它避冷、热卷所短，取两者之所长，将钢板加热至500~600℃后卷制，即可使钢板获得比冷卷稍大的塑性，又避免使钢板表面严重氧化。

3. 弯卷工艺

圆筒弯卷工艺主要包括预弯、对中、卷圆、矫圆四个过程。

（1）预弯　钢板预弯的方法通常有以下几种方法：一是采用曲率适宜且有足够刚性的模板压垫在卷板机上进行预弯，如图2-50所示；二是采用曲率适宜的模具在压力机（如液压机）下对直边段进行预弯，如图2-51所示；三是采取逐点压弯法进行预弯。若采用四辊卷板机可直接使用两侧辊进行预弯，如图2-52所示。

（2）对中　对中的目的是使工件母线与辊筒轴平行，防止产生扭斜。

（3）卷圆　分一次进给与多次进给两种，卷制厚板常用多次进给。进给次数取决于工艺限制条件（如冷卷时不得超过允许的最大变形）及设备限制条件（如不打滑条件和功率条件）。冷卷回弹量显著时，须加一定的过卷量。

（4）矫圆　矫圆的目的是尽可能使整圆曲率平均一致，保证产品质量。一般矫圆工序分三个工步：

① 加载：根据经验或计算将工作辊调到所需的大矫正曲率的位置。

② 滚圆：将辊筒在矫正曲率下滚卷1~2圈，使整卷曲率均匀一致。

③ 卸载：逐渐卸除载荷，使工件在逐渐减少的矫正载荷下多次滚卷。

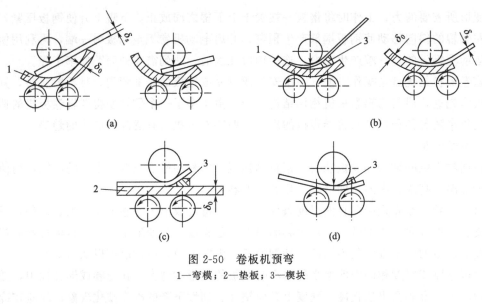

图 2-50 卷板机预弯
1—弯模；2—垫板；3—楔块

图 2-51 模具预弯

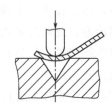

图 2-52 逐点压弯法预弯

 练一练：

说出直边是使用哪种机械加工钢板产生的，查阅资料找出消除直边的方法。

二、封头成形

化工设备的封头有平板形、锥形、碟形、椭圆形及球形。常用的有椭圆形和球形封头，它们的成形方法有冲压成形、旋压成形和爆炸成形。以冲压（及模板）成形和旋压成形最为常用。

1. 封头的冲压过程及设备

冲压成形根据板厚和封头规格的大小，可采用冷冲压和热冲压，对于规格较小、厚度较薄的工件，可以采用冷冲压，较厚及规格较大的工件采用热冲压。封头的冲压成形是在水压机或油压机上进行的。

如图 2-53 所示，冲压过程中，将封头展开并下料，成圆形的坯料加热后放置在下模板 5 中；然后开动水压机或油压机，使活动横梁 1 向下移动，当压边圈 2 与圆形板坯接触后，启动压边缸将坯料边缘压紧；水压机液压缸带动上冲模向下运动，依模具的形状而产生塑性变形，冲压出封头形体。随后开始提升缸和回程缸，将冲头和压边圈向上提升，与此同时，成形的封头因温度降低，而收缩并紧紧包住上冲模，通过专用的脱模装置把封头从上冲模上取下来，完成封头的冲压过程。

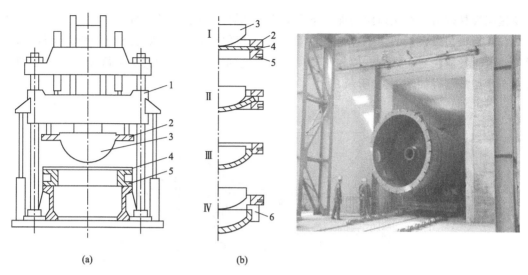

图 2-53 水压机冲压封头过程
1—活动横梁；2—压边圈；3—上模板（冲头）；4—毛坯；5—下模板（冲环）；6—脱模装置

2. 冲压封头的制造工艺

一般封头的冲压工艺包括：准备坯料、下料、切割、焊缝拼接、焊接、无损检测、打磨、冲压成形、整形、检验、坡口加工等工序。

（1）坯料材质的检查　检查坯料材质的检号是否齐全。保证坯料是经过检验、验收并符合图纸要求的合格材料。

（2）封头焊缝的拼接　碟形、椭圆形、半球形封头展开坯料的形状为一个圆。

封头一般采用整体冲压，当封头展开坯料的直径较大时，用两块或三块钢板拼接；直径更大的封头可用瓣片和顶圆板的形式进行拼接。焊缝的布置应符合 GB 150—2011 的有关规定：封头各种不相交的拼焊焊缝中心线间距至少应为封头钢板厚度的 3 倍，且不小于 100mm，如图 2-54 所示。封头由瓣片和顶圆板拼接而成的焊接接头只允许环向和径向，径向焊接接头之间最小距离也不得小于上述规定所示。另外，拼接焊缝的位置应注意尽可能错开封头上的工艺接管、视镜及支座的安装位置，避免焊缝叠加或距离过近。拼接后，打磨妨碍冲压部位（通常在封口弯边处）的两面焊缝，使之与母材平齐，进入下一道工序。

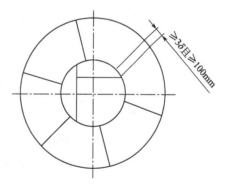

图 2-54 封头焊缝拼接

（3）坯料的加热　提高封头坯料的塑性，降低冲压的变形抗力，以利于坯料的变形和获得良好的组织，一般会对坯料加热。为了降低冲压设备的功率，避免冷加工硬化，大多数封头都采用热冲压。只有薄钢板（$\delta \leqslant 6mm$）为了避免加热时，毛坯变形和氧化损失太大及冲压时易产生褶皱等原因，才采用冷冲压。冲压前把板坯加热至始锻温度，放在压力机上冲压，到始锻温度时，停止冲压。

（4）冲压　放置板坯时应对中，冲压时，为了减少板坯与模具之间的摩擦力、减少划伤以及提高模具寿命,在压边圈表面、下模上表面和圆角处涂抹润滑剂。

(5) 封头边缘余量的切割　封头置于转盘上并随之转动,机架上装有割枪固定设备,有弹簧使滚轮紧靠在封头外侧,以控制割嘴与封头之间间隙不会随封头椭圆变化而影响切割。封头余量切割装置如图 2-55 所示。

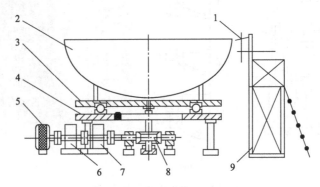

图 2-55　封头余量切割装置
1—切割头；2—封头；3—转盘；4—平盘；5—电动机；6—减速器；7—蜗轮减速器；8—螺旋副；9—操纵台

3. 冲压封头的典型缺陷分析

封头冲压时常出现的缺陷主要为拉薄、褶皱和鼓包等。其影响因素很多,简要分析如下。

(1) 减薄　如图 5-56 所示,封头坯料在冲压后中间减薄,边缘(直边)增厚。球形封头底部变形最大,减薄最大；椭圆形封头直边增厚,曲率越大减薄量越大。

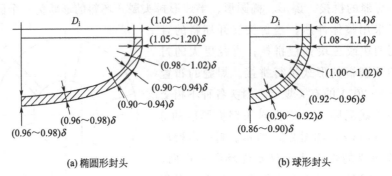

(a) 椭圆形封头　　　　　　(b) 球形封头

图 2-56　碳钢封头冲压成形壁厚变化示意图

(2) 褶皱　冲压时板坯周边的压缩量最大。封头越深、毛坯直径越大,周向缩短形成两个结果,一个是工件周边的厚度和径向长度均有所增加,另一个是过分的压应变使板料产生褶皱。板料加热不均,搬运和加持不当导致坯料不平,也会造成褶皱。

(3) 鼓包　主要影响因素是拼接焊缝余量的大小以及冲压工艺方面,如加热不均匀、冲头与下模间隙过大以及下模圆角太大等。

为了防止封头冲压时产生缺陷,必须采取以下措施：板坯加热均匀；保持适当而均匀的压边力；选定合适的下模圆角半径；降低模具(包括压边圈)表面的粗糙度；合理润滑以及在大批量冲压封头时应适当冷却模具。

4. 其他成形方法

随着石油化工设备的不断大型化,其大型封头的需求量也相应增多。对于冲压法生产封头,因压力机吨位、模具的经济性等问题而受到了一定限制,故近年来旋压成形和爆炸成形正在成为生产大型封头的主要方法。

（1）旋压成形（图2-57）　旋压成形分为两步,首先使板坯中间压凸,逐点压鼓变形,曲率半径逐渐变小,然后利用内外旋转翻边,逐点旋压直到要求的曲率。依据这两步完成的设备,分为联机法和单机法。

图2-57　旋压成形

联机法借助于压鼓机完成压鼓,借助翻边机完成翻边,联合完成筒体成形。特点是模具小、成本低、减薄量小、辅助工序多（如运输、安装等）、效率低。

单机法是压凸、翻边在一台机器上连续完成。其又分为三种：冲旋联合为中间压凸部分冲头冲压成形,边缘旋压,特点是深厚封头加工;有胎旋压,内有全胎,外有旋轮,逐步旋压成形,特点是成形精度高;无胎旋压,无需胎具,通过内外旋轮逐渐压制成形。

旋压成形的特点：

① 旋压机的模具等工艺装备尺寸小、成本低,更换工装时间短,同一模具可制造直径相同,但壁厚不同的封头。

② 设备轻,制造相同尺寸的封头,旋压机比水压机轻2.5倍左右。

③ 可以制造大直径薄壁封头,解决了大直径薄壁封头的褶皱问题。

④ 旋压法加工的封头其尺寸精度高,制造质量好,不易褶皱、鼓包和减薄。

⑤ 旋压过程较慢,生产率低于冲压成形。

（2）爆炸成形　封头的爆炸成形是利用高能源炸药在极短时间内爆炸所产生的巨大冲击波,并通过水或沙子等介质作用在封头毛坯上,迫使其产生塑性变形而获得所要求的形状、尺寸的封头。

爆炸成形的特点：

① 可以保证工件达到所需要的几何尺寸,表面光洁,壁厚减薄现象不严重。工件经过退火处理后,机械性能可以进一步得到改善。

② 设备简单,不需要大型复杂的设备。

③ 操作方便,生产率高,成本低,对于成批生产的封头尤为明显。

练一练：

封头的冲压成形和旋压成形各有什么特点？

本节任务介绍了钢板卷制和封头成形的概念和方法,请你利用本次任务的知识,在选用钢板卷制和封头成形机械方面,对上个任务中的筒体、封头的工艺卡进行补充。

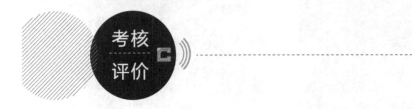

考核分类	项目	完成情况与能力提升评价		
		达成目标	基本达成	未达成
知识与技能考核	卷制筒体			
	封头成形			
	反思提升			
素质能力考核	工匠精神			
	职业精神			
	科学精神			
	劳动精神			

任务五
组装焊接

学习目标

知识目标

（1）掌握压力容器的组装技术；

（2）掌握焊缝结构和常见缺陷；

（3）熟悉横纵焊缝的组装机械和技术要求；

（4）熟悉常用焊接方法、焊接设备及适用范围。

能力目标

（1）能简述压力容器的组装技术；

（2）能在不同场合选用合适的焊接方法。

素质目标

（1）通过学习组装和焊接工艺，填写工艺文件，培养精益求精、一丝不苟的工匠精神和求真务实、积极探索的科学精神；

（2）通过互联网查寻、小组讨论完成练习，培养团结协作、诚信友善的职业精神和吃苦耐劳的劳动精神。

本模块制作的储气罐设备是由许多零部件组成的,在前面的工序中已完成筒体和封头的制作,封头有时也外包给专门的封头制造厂制作,剩下的零部件都是购买的标准件。本节任务是将这些制造好的和购买的零部件按照设计要求进行组装,同时用焊接将这些零部件连接成一台设备,如图 2-58 所示。

图 2-58　组装焊接

一、认知压力容器组装技术要求

组装是设备制造中的重要环节之一。它不仅与焊接及金属切削加工相互交叉,而且每道工序后均须进行质量检验。

1. 焊接接头的对口错边量

对口错边量是指对接焊缝上两个连接件偏离同一直线的错开量。错边量过大不仅影响焊缝的美观和外观形状,而且产生应力集中,影响构件的承载能力。主要有以下表现:

(1) 降低接头强度　焊缝错边会使焊缝区的有效厚度减少,同时因为对接不平而造成附加应力,使焊接接头强度降低。若材料焊接性不好,设备承受动载荷时,危害性更大。

(2) 影响外观、装配和流体阻力　管壳式换热器、合成塔的筒体对焊接口错边量限制更严,否则内件安装困难;错边的存在使筒体与内件之间增加间隙,导致设备的使用性能受到损害。

组装时对口错边量应符合表 2-7 的规定,对口错边量如图 2-59 所示。

当设备采用复合钢板时,对口错边量(图 2-60)以复合层为准,应不大于钢板复合层厚度的 50%,且不大于 2mm。

表 2-7　组装对口错边量

对口处的名义厚度 δ_s/mm	按焊缝类别划分的对口错边量 b/mm	
	A 类	B 类
≤10	≤$1/4\delta_s$	≤$1/4\delta_s$
10<δ_s≤20	≤3	≤$1/4\delta_s$
20<δ_s≤40	≤3	≤5
40<δ_s≤50	≤3	≤$1/8\delta_s$
>50	≤$1/16\delta_s$,且不大于10	≤$1/8\delta_s$,且不大于20

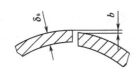
(a) A类焊缝

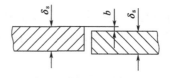
(b) B类焊缝

图 2-59　对口错边量

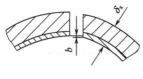
(a) A类焊缝

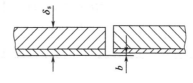
(b) B类焊缝

图 2-60　复合钢板对口错边量

2. 棱角度

组对环缝时筒体向外凸出或向内回进,就会有棱角。棱角的不良作用与错边类似,它对设备的整体精度损害更大,应力集中往往更大。

在焊接接头轴向形成的棱角 E,用内样板或外样板检查,其 E 值不得大于 ($\Delta_s/10+2$)mm,且不大于 5mm,如图 2-61 所示。

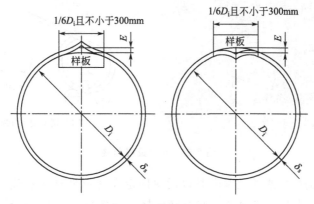

图 2-61　环向棱角度

对焊接接头轴向形成的棱角 E,用直尺检查,其 E 值不得大于 ($\Delta_s/10+2$)mm,且不大于5mm，如图2-62所示。

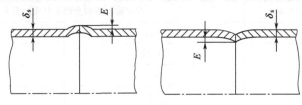

图 2-62 轴向棱角度

3. 筒体直线度

筒体直线度检查是通过中心线的水平面和垂直面，即沿圆周0°、90°、180°、270°四个部位拉 $\phi 0.5mm$ 的钢丝进行测量，测量部位离A类接头焊缝中心线（不含球形封头与圆筒连接以及嵌入式接管与壳体对接的接头）的距离不小于100mm。当壳体厚度不同时，计算直线时应减去厚度差。

壳体直线度随壳体长度的不同而要求不同，具体控制指标见表2-8。

表 2-8 壳体长度与直线度允差

壳体长度 H/m	直线度允差/mm	壳体长度 H/m	直线度允差/mm
≤20	≤$2H/1000$,且≤20	50＜H≤70	≤45
20＜H≤30	≤$H/1000$	70＜H≤90	≤55
30＜H≤50	≤35	＞90	≤65

练一练：

简述化工设备组装的技术要求。

二、认知常用组装机械及其使用方法

1. 纵缝组对机械

当筒体直径不大，壁厚较薄时，纵缝的组对可以在筒节从卷板机上取下来之前，直接在卷板机上焊接，如两边对不齐，可用F形撬棍调整，如图2-63所示。

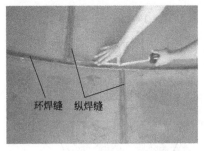
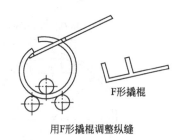

图 2-63 F形撬棍调整

如图2-64所示的杠杆螺栓拉紧器是以两块固定在肘形杠杆1和连接器5的U形铁2，分别卡在被拉紧的工件上。转动带有左右旋向螺纹的丝杠7，便可调节圆周方向的接头间隙，而转动带有左右旋向螺纹的丝杠4，焊接坡口对准后，可从中间向两端点焊，钢板边缘固定点焊好后，卸下夹具即可施焊。因其是利用螺柱加持在接头上，所以不仅没有拆除后的拉肉现象，而且还可以调节筒节的纵缝接头，使其有足够的精度来满足自动焊的要求。

如果筒节较长，两端用杠杆螺栓拉紧器不能准确地对正边缘时，可在筒节每隔一段距离点焊上角钢（或螺母），用螺栓拉紧器来调整组对边缘，如图 2-65 所示，这种拉紧器称为普通拉紧器。

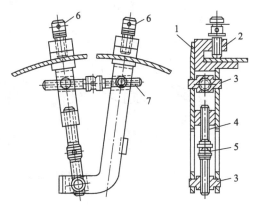
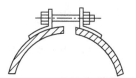

图 2-64　杠杆螺栓拉（压）紧器
1—杠杆；2—U 形铁；3—螺母；
4，7—丝杠；5—连接器；6—螺栓

图 2-65　螺栓拉紧器

2. 环缝组对机械

筒节环缝组装比纵缝组装困难些。一方面是由于各筒节下料精度不一，另一方面筒节和封头的端面在加工后可能存在椭圆度或各处曲率不同。因此，在可能条件下可按偏差相近的筒节进行选配，并均匀地分布错边量。需要测量筒节的外周长，根据相邻筒节的外周长之差，计算出该环缝的对口错边量，以便组对时进行错边量的控制。

环缝组对时，边缘偏移量可用压夹器进行调整对齐。图 2-66 所示为两种压夹器调整环缝大小及对齐情况。楔形压夹器是最简单的装配工具，既可以单独使用，又可以与其他工具联合使用。虽然它操作简单，调整方便，但扣紧圈和定距挡块必须焊接在工件上，拆除时就有可能出现损坏工件表面的现象，因此对于有较高表面要求的材料不允许使用。

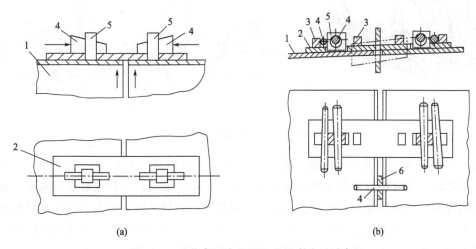

图 2-66　用楔条压夹器调整环缝大小及对齐
1—筒体；2—拉板；3—定距挡块；4—楔条（锥棒）；5—扣紧圈；6—定距板

当筒节的刚度较差或圆度超标时，用环形螺旋径向支撑器（图 2-67）或环形螺旋径向拉紧器（图 2-68）进行调正筒节和矫圆。

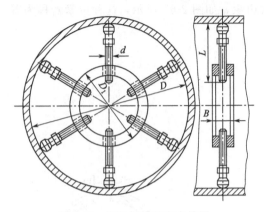

图 2-67　环形螺旋径向支撑器

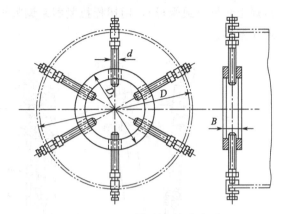

图 2-68　环形螺旋径向拉紧器

3. 液压组装机

液压组装机多用于固定装配焊接作业线上，而且在中厚板的中等长度的定型设备上（如锅炉和换热器）用得较多。如图 2-69（a）所示为一筒节纵缝液压组装机。这个装置利用液压进行筒节纵缝组装。筒节的纵缝朝下放置，利用液压驱动，可在三个方向进行调节，以纠正卷板产生的偏差。筒节纵缝组对后，可以直接在此装置上进行焊接，也可以在装置上进行点焊固定后，取下工件另行焊接。由于需要有三个方向上的相对运动，所以该机构有些庞大。但是，用它可以大大减少组装纵缝的时间，减轻劳动强度，节约劳动力，也可以取消拉紧板，因而可以提高筒节的表面质量。

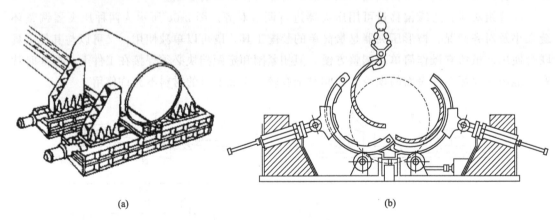

图 2-69　筒节液压组装机

图 2-69（b）所示为筒节液压组焊接，该机有三对或更多对夹紧对开环，每一个半环上装有压紧滑块，它直接与液压工作活塞杆相连接。工作活塞是通过回程液压活塞来实现回程的，而回程液压活塞则是通过连杆连接到工作活塞上。当筒节液压机有三对压紧对开环时就需要六个工作活塞的液压缸和六个回程液压缸；若有五对夹紧对开环，则需相应配置十个工作缸和十个回程缸。工作液压缸与回程液压缸均安装在同一底板的机架上。

组装时，先将瓣片或筒节吊入夹紧对开环中，随着油缸柱塞的推进，夹紧环夹紧筒节而使筒节纵缝合拢。必须满足焊接坡口的间隙时，只要在纵缝合拢处插入相应的间隙楔条，焊接时当焊嘴接近楔条时，再用手锤将楔条敲出。经点焊固定，焊接好后即完成了筒节的组装。对于不同直径的筒节的组装，只要更换曲率相近的对开环即可。

由于该装置依靠柱塞前段的柱形铰链与对开环连接，可以有较大的向心压紧力，适合于壁厚较大的中小直径的容器组装，如锅炉和换热器等。为校正端口错位的筒节，在筒节的轴线位置处，还可配置端面压紧机构，生产效率较高。

4. 组装

本书中储罐的本体部分的组装可以有两种方法：一种是先组装各个筒节，再组装两个封头；另一种是两封头分别与两端筒节（两节或两节以上的筒节）组合后再总装配。究竟选用何种方法可根据具体情况而定。

筒节的组装（包括筒节与封头的组装），通常有立式吊装和卧式组装两种形式。立式吊装就是借助吊车（或行车），先将筒节（或封头）吊装在平台上，然后再将另一筒节吊于其上，如图 2-70 所示。当接头间隙调妥后，即可沿四周点固焊接。

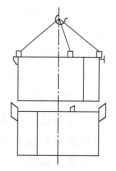

图 2-70 立式吊装

卧式组装如图 2-71 所示。即将要组装的筒节放于滚轮架 1 上，并将另一筒节放置在小车式滚轮架 3 上。移近辅助自动对装夹具 2，同时调节夹具中线 $M-M$ 使其与滚轮架 1 上的筒节端面对齐。再调节小车式滚轮架 3 的可升降和平移的四个滚轮，使其上的筒节与 $M-M$ 线对齐。当接头要求符合规定后，即可加以连接固定。当两筒节连接可靠后，将小车式滚轮架 3 上的筒节推向滚轮架 1 上，此后按照上述方法便可依次完成各筒节的组装。

单件小批量生产中，更多的是采用吊车和滚轮架进行筒节的组装。图 2-72 所示为封头与筒节的组装。把经矫圆的筒节放在滚轮架上，在封头上焊接一吊耳，用吊车将封头吊至筒节处，如图 2-72 所示，在吊车的配合下调整好对口错边量、间隙进行点焊固定，焊好后把吊环去掉。

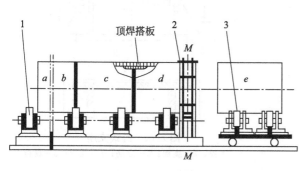

图 2-71 卧式组装
1—滚轮架；2—自动对装夹具；3—小车式滚轮架

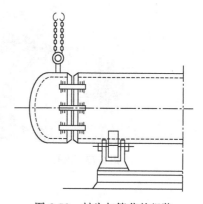

图 2-72 封头与筒节的组装

5. 直线度的检查

当筒节与封头组装成一个整体时，沿圆周 0°、90°、180°、270°四个方位拉线测量筒体的直线度，其误差符合规范技术要求时，才能进行焊接。

在筒体总装、焊接、无损检测等工序完成后，作总体尺寸检验，找出筒体两端的四条中心线并核查是否等分，然后检查筒体两端中心线是否扭曲。

练一练：

简述环焊缝组装的方法。

三、附件组装

1. 筒体开孔

为了连接接管和人孔、手孔，在设备筒体上开许多孔，这些孔可以先划好线，然后用气割切出。

首先在筒体上找孔中心（图 2-73），划好中心线再用色漆写上中心线编号，按图纸划出接管的孔，在中心和圆周上打冲印，然后切出孔，同时切出焊接坡口。装接管或人孔、手孔中心位置的允许偏差为±10mm，对直径在 150mm 以下的孔，其偏差为－0.5～1.5mm；直径在 150～300mm 之间，偏差为－0.5～2.0mm；直径在 300mm 以上，偏差为－0.5～3mm 之间，开孔可用手工气割或机械化气割。

大型制造厂已采用机械化自动气割开孔机，其种类很多，有靠模和无靠模的，可在筒体上自动切出马鞍形轨迹的圆孔。

2. 支座组焊

卧式设备的支座类型如图 2-74 所示，组焊顺序为：在底板上划好线后，焊上腹板和立筋，要保证其与底板垂直。组焊鞍式支座时，将弯好的托板焊在立筋上，然后焊在筒体预先画好支座的位置线上。

图 2-73 人孔

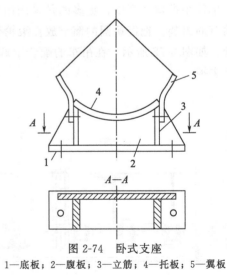

图 2-74 卧式支座

1—底板；2—腹板；3—立筋；4—托板；5—翼板

四、认知埋弧焊

1. 焊接基础知识

（1）焊接概念及接头组成　利用一定的热源，采取加压或不加压，填充或不填充的方式，使两个物体之间产生原子结合（或冶金结合）或分子结合的方式就叫焊接，其接头就是焊接接头。

接头包括焊缝区、熔合区和热影响区，如图 2-75 所示。焊缝区是由接头金属及填充金属熔化后，又以较快的速度冷却凝固后形成。焊缝组织是从液体金属结晶的铸态组织，晶粒粗大，组织不致密。但是，由于焊接熔池小，冷却快，化学成分控制严格，碳、硫、磷含量都较低，还通过渗合金调整焊缝化学成分，使其含有一定的合金元素，因此焊缝金属的性能问题不大，可以满足性能要求，特别是强度容易达到。熔合区是熔化区和非熔化区之间的过渡部分。熔合区化学成分不均匀，组织粗大，往往是粗大的过热组织或粗大的淬硬组织。其性能常常是焊接接头中最差的。熔合区和热影响区中的过热区是焊接接头中机械性能最差的薄弱部位，会严重影响焊接接头的质量。热影响区是被焊缝区的高温加热造成组织和性能改变的区域。低碳钢的热影响区可分为过热区、正火区和部分相变区。不同区域性能不同。

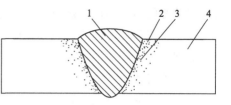

图 2-75 熔化焊焊接接头的组成
1—焊缝金属；2—熔合面；3—热影响区；4—母材

（2）焊缝级别分类　根据 GB 150—2011《压力容器》将压力容器主要受压部分的焊接接头分为 A、B、C、D 四类，如图 2-76 所示。

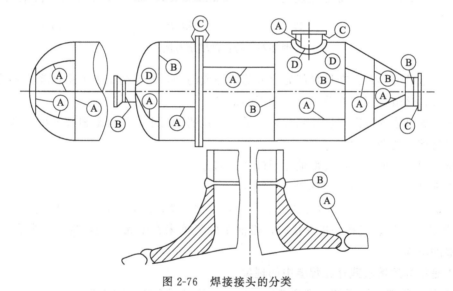

图 2-76 焊接接头的分类

圆筒部分的纵向接头（多层包扎容器层板层纵向接头除外），球形封头与圆筒连接的环向接头，各类凸形封头中的所有拼焊接头以及嵌入式接管与壳体对接连接的接头，均属 A 类焊接接头。

壳体部分的环向焊缝接头，锥形封头小端与管连接的接头，长颈法兰与接管连接的接头，均属 B 类焊接接头，但已规定为 A、C、D 类的焊接接头除外。

平盖、管板与圆筒非对接连接的接头，法兰与壳体、接管连接的接头，内封头与圆筒的搭接接头，以及多层包扎容器层板层纵向接头，均属 C 类焊接接头。

接管、人孔、凸缘、补强圈等与壳体连接的接头，均属 D 类焊接接头，但已规定为 A、B 类的焊接接头除外。

上述关于焊接接头的分类及分类顺序，对压力容器的设计、制造、维修、管理等工作都有着很重要的指导作用，需要强调的是，上述对焊接接头的分类及分类顺序的划分，基本上只是以主要零部件之间或与壳体连接的焊接接头在壳体的相对位置来进行的。实际上对焊接接头类别及分类顺序的划分和顺序安排应该有更全面的综合考虑，A、B、C、D类焊接接头分类不是绝对的。

（3）焊接缺陷（图2-77）

① 外观缺陷。外观缺陷（表面缺陷）是指不用借助于仪器，从工件表面可以发现的缺陷。常见的外观缺陷有咬边、焊瘤、凹陷及焊接变形等，有时还有表面气孔和表面裂纹，单面焊的根部未焊透等。

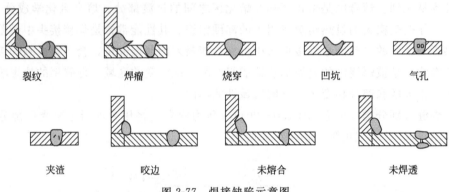

图2-77 焊接缺陷示意图

咬边是指沿着焊趾，在母材部分形成的凹陷或沟槽，它是由于电弧将焊缝边缘的母材熔化后没有得到熔敷金属的充分补充所留下的缺口。

焊瘤是焊缝中的液态金属流到加热不足未熔化的母材上或从焊缝根部溢出，冷却后形成的未与母材熔合的金属瘤。

凹坑指焊缝表面或背面局部地低于母材的部分。

未焊满是指焊缝表面上连续的或断续的沟槽。

烧穿是指焊接过程中，熔深超过工件厚度，熔化金属自焊缝背面流出，形成穿孔性缺陷。

② 气孔和夹渣。气孔是指焊接时，熔池中的气体未在金属凝固前逸出，残存于焊缝之中所形成的空穴。

夹渣是指焊后熔渣残存在焊缝中的现象。

③ 裂纹是焊缝中原子结合遭到破坏，形成新的界面而产生的缝隙。

④ 未焊透指母材金属未熔化，焊缝金属没有进入接头根部的现象。

⑤ 未熔合是指焊缝金属与母材金属，或焊缝金属之间未熔化结合在一起的缺陷。

2. 埋弧焊概念

电弧在焊剂层下燃烧进行焊接的方式称为埋弧焊。埋弧焊是焊接生产中应用最为广泛的工艺方法之一，常用来焊接板厚度为6～60mm的长直焊缝和较大直径（一般不小于250mm）的环形焊缝。

3. 埋弧焊工作原理

埋弧焊是以电弧作为热源的机械化焊接方法。埋弧焊实施过程如图2-78所示，它由四个部分组成：

① 焊接电源接在导电嘴和工件之间用来产生电弧；

② 焊丝由焊丝盘经送丝轮和导电嘴送入焊接区；
③ 颗粒状焊接经由焊剂盒均匀地堆敷到焊缝接口区；
④ 焊丝及送丝轮、焊剂盒和操作面板等通常装在一台小车上，以实现焊接电弧的移动。
埋弧焊焊缝形成过程如图 2-79 所示。

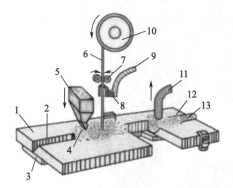

图 2-78 埋弧自动焊的过程
1—工件；2—坡口；3—垫板；4—焊剂；
5—焊剂漏斗；6—焊丝；7—送丝轮；
8—导电嘴；9—参考钢线；10—焊丝盘；
11—焊剂回收装置；12—渣壳；13—焊缝

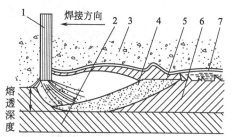

图 2-79 埋弧焊时焊缝的形成
1—焊丝；2—焊件；3—焊剂；
4—液态金属；5—液态焊剂；
6—焊缝；7—焊渣

如图 2-79 所示，埋弧焊时，连续送进的焊丝在一层可熔化的颗粒状焊接覆盖下引燃电弧。电弧引燃后，焊剂、焊丝和母材不断熔化并形成熔池，同时，不断地添加焊剂，熔化的焊剂浮到表面形成保护焊接区的熔壳；未熔化的焊剂起绝缘和屏蔽有害光辐射的作用，熔池金属受熔渣和焊剂蒸气的保护不与空气接触。随着电弧向前移动，电弧力将液体金属推向后方并逐渐冷却凝固成焊缝。焊接的过程中，焊丝送进速度和熔化速度相互平衡，以保持焊接过程的稳定进行。

4. 埋弧焊设备

埋弧焊设备分自动埋弧焊机和手工埋弧焊机两种。与自动埋弧焊机不同，手工埋弧焊机的电弧移动是由焊工操作的，因而劳动强度大，目前国内已很少使用。因此，本项目中提到的埋弧焊均指自动埋弧焊。

MZ-1000 型埋弧焊机，如图 2-80 所示，是根据电弧自身调节原理设计的等速送丝式焊机，其控制系统简单，可使用交流或直流焊接电源，焊接各种坡口的对接、搭接焊缝，以及容器的内、外环缝和纵缝等。焊机主要由焊接小车、控制箱和焊接电源三部分组成。

（1）焊接小车 MZ-1000 型埋弧焊机的焊接小车为埋弧焊典型机械系统代表，这种焊接小车的焊丝送入和小车驱动使用同一台电动机，故结构紧凑、体积小和重量轻。它由送丝机头、行走小车、机头调整机构、导电嘴及焊丝盘、焊剂漏斗等部件构成，通常还装有控制系统的操作面板。

（2）控制箱 控制箱中装有中间继电器、接触器、降压变压器、电流互感器或分流器等。箱上装有控制电路的三相转换开关和接线板等。

（3）焊接电源 弧焊电源有交流电源和直流电源。直流电源包括硅弧焊整流器、晶闸管弧焊整流器、电动机驱动式弧焊机和内燃机驱动式弧焊机，可提供平特性、缓降特性、陡降特性、垂降特性的输出。交流电源通常供弧焊变压器类型使用，一般提供陡降特性的输出。

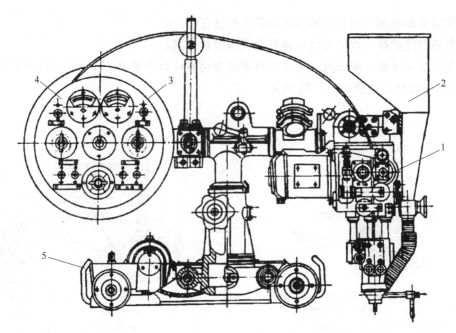

图 2-80 MZ-1000 型埋弧自动焊机
1—机头；2—焊剂漏斗；3—焊丝盘；4—控制盘；5—台车

练一练：

简述埋弧焊的工作原理。

五、认知焊条电弧焊

焊条电弧焊是各种电弧焊方法中发展最早、目前应用最广泛的一种焊接方法。它是以外部涂有涂料的焊条作电极和填充金属，焊接时电弧在焊条的端部和被焊工件表面燃烧。利用电弧产生的高温（6000～7000℃），使连接处的母材熔化（熔点一般在1500℃左右），此时焊条也逐渐熔化并熔入连接处，冷却后便与连接的母材凝结成一个整体，而在连接的部位就形成了焊缝，如图 2-81、图 2-82 所示。涂料在电弧热的作用下，一方面可以产生气体以保护电弧，另一方面可以产生熔渣覆盖在熔池表面，防止熔化金属与周围气体的相互作用。熔渣更重要的作用是与熔化金属产生物理化学反应或添加合金元素，改善焊缝的性能。

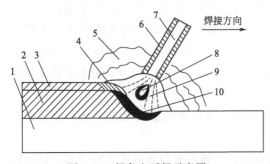

图 2-81 焊条电弧焊示意图
1—焊件；2—焊缝；3—渣壳；4—熔渣；5—气体；
6—药皮；7—焊芯；8—熔滴；9—电弧；10—熔池

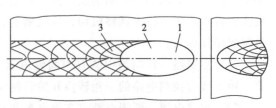

图 2-82 焊缝示意图
1—焊接熔池；2—焊缝结晶等温线；3—柱状晶体

1. 焊缝形成过程

焊条电弧焊接时，首先将电焊机的输出端两极分别与工件和焊钳连接，再用焊钳夹持焊条，如图 2-83 所示。利用电弧高温将工件与焊条迅速熔化，形成熔池。当焊条向前运动时，旧熔池的金属即冷却凝固，同时又形成新的熔池，这样就形成了连续的焊缝，使分离的工件连成整体。

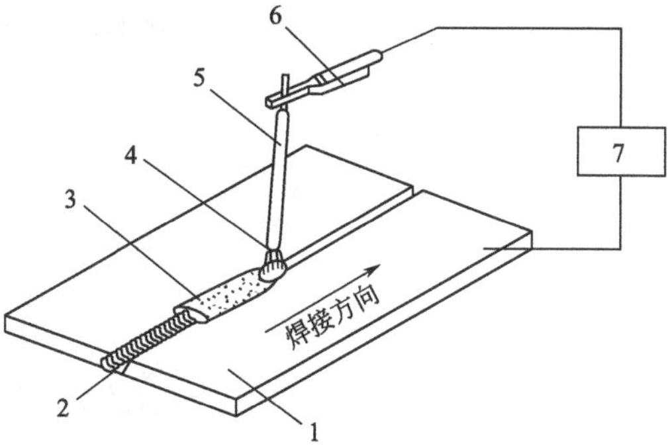

2. 焊条电弧焊的特点

优点：灵活性好，操作方便，对焊前装配要求低，可焊材料广。

缺点：生产率低；人为因素影响大。

图 2-83 焊条电弧焊焊缝形成过程
1—工件；2—焊缝；3—渣壳；4—电弧；
5—焊条；6—焊钳；7—电源

3. 焊条电弧焊设备

焊条电弧焊（手工电弧焊）的主要设备是电焊机，它是焊接电弧的电源。常用的电焊机分交流和直流两大类。

4. 焊条电弧焊焊条

焊条电弧焊焊条对于焊缝的成形以及焊后接头的性能至关重要，总体来讲对焊条电弧焊焊条的基本要求主要包括以下几点：电弧容易引燃，在焊接过程中能够稳定燃烧；药皮应均匀熔化，无成块脱落现象，其熔化速度稍慢于焊芯的熔化速度，从而有利于金属熔滴过渡；焊接过程中不应有较大烟雾和过多飞溅；保证熔敷金属具有一定的抗裂性以及所需的力学性能和化学成分；焊后焊缝成形正常，焊渣容易清除。

练一练：

简述焊条电弧焊的工作原理。

六、认知钨极氩弧焊

钨极氩弧焊是气体保护焊的一种。钨极氩弧焊是使用纯钨或活化钨作为非熔化电极，采用氩气作为保护气体，借助钨棒与焊件之间产生的电弧来熔化焊件及焊丝，待冷却凝固后形成焊缝。

1. 钨极氩弧焊原理与特点

钨极氩弧焊原理如图 2-84 所示。钨电极被夹持在电极夹上，从钨极氩弧焊焊枪喷嘴中伸出一定长度，在钨电极端部与被焊母材间产生电弧对母材（焊缝）进行焊接，在钨电极的周围通过喷嘴送进保护气，保护钨电极、电弧以及熔池免受大气的危害。焊接时，需要填充金属到熔池时，可以采用手动或者自动的方式进行，按照一定的速度向熔池中填充焊丝，焊丝熔化以后与熔化金属混合，共同凝固后形成焊缝。所以钨极氩弧焊可以分为手工钨极氩弧焊和自动钨极氩弧焊，其中自动钨极氩弧焊需要专用的送丝机。

钨极氩弧焊的优点：

焊接过程稳定，焊接质量好，适于薄板焊接、全位置焊接以及不加衬垫的单面焊双面成形工艺；焊接过程易于实现自动化；焊缝区无熔渣，焊工可清楚地看到熔池和焊缝成形过程。

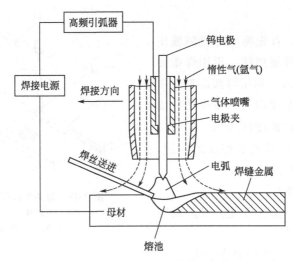

图 2-84 钨极氩弧焊原理

钨极氩弧焊的缺点：

钨极氩弧焊利用气体进行保护，抗侧向风的能力较差。由于采用惰性气体进行保护，无冶金脱氧或去氢作用，为了避免气孔、裂纹等缺陷，焊前必须严格去除工件上的油污、铁锈等。而且由于钨极的载流能力有限，致使钨极氩弧焊的熔透能力较低，焊接速度慢，焊接生产率低。

2. 钨极氩弧焊的焊接材料

钨极氩弧焊的材料主要包括保护气体、电极材料与填充材料等。

(1) 保护气体　钨极氩弧焊常用氩气，其电弧稳定，引弧特性好，焊缝成形好。有时钨极氩弧焊也采用氦气，其传导性能比氩气好，能实现更快的焊接速度，焊铝时气孔更少，熔深和熔宽增加。焊枪结构一般安有节流装置，保护气流进入焊枪喷嘴前通过该装置，使进入喷嘴的气流紊乱程度减小并具有束流特征，使在喷嘴内易于建立起较厚的近壁层层流流态。

(2) 电极材料　钨极氩弧焊电极的作用是导通电流、引燃电弧并维持电弧稳定燃烧，由于焊接过程中要求电极不熔化，因此电极必须具有高的熔点。钨极作为氩弧焊的电极，对它的基本要求是：保证引弧性能好，焊接过程稳定，发射电子能力强（电极具有较低的逸出功），耐高温而不易熔化烧损，有较大的许用电流、较小的引燃电压。几种常用材料的逸出功如表 2-9 所列。

表 2-9　几种常用材料的逸出功

材料	铝	钨	钍钨	铈钨
逸出功/eV	3.95	4.31~5.16	2.63	1.36

(3) 填充材料　填充金属的主要作用是填满坡口，并调整焊缝成分，改善焊缝性能。目前我国尚无专用钨极氩弧焊焊丝标准，一般选用熔化极气体保护焊用焊丝或焊接用钢丝。

练一练：

简述手工钨极氩弧焊的主要操作步骤。

七、认知焊后热处理

焊接残余应力是由于焊接引起焊件的温度分布不均匀，焊缝金属的热胀冷缩等原因造成的，所以伴随焊接施工必然会产生残余应力。

消除残余应力的最通用的方法是高温回火，即将焊件放在热处理炉内加热到一定温度并保温一定时间，利用材料在高温下屈服极限的降低，使内应力高的地方产生塑性流动，弹性变形逐渐减少，塑性变形逐渐增加而使应力降低。改善接头及热影响区的塑性和韧性，恢复焊接接头的综合力学性能，提高抗应力腐蚀的能力，消除因冷加工产生的硬化。

1. 整体热处理

（1）炉内整体热处理　在全部焊接工作结束后，将设备整体放入加热炉进行焊后热处理，如图 2-85 所示。

设备的母材和焊缝受热和冷却比较均匀，可以消除因冷加工形成的硬化和残余应力。

图 2-85　炉内整体热处理

（2）内燃式整体热处理　将大型容器看成一个炉膛，容器外表覆盖保温材料，从下部人孔进行加热，利用热风强制对流使燃气擦着器壁回旋均匀地加热器壁。这种方法非常适合处理在现场进行安装的球罐、塔器类大型设备。

2. 局部热处理

GB 150.4—2011《压力容器》8.2.6.5 中规定：B、C、D、E 类焊接接头，球形封头与圆筒连接接头以及缺陷焊补部位，允许采用局部热处理方法。这条规定意味着筒体上的 A 类焊缝不允许采用局部热处理方法，即整台设备不允许采用局部热处理方法，原因之一是焊接残余应力不能够对称消除。

练一练：

写出 $\delta=60$mm、材料为 Q345R 的压力容器热处理工艺。

本节任务讲述了压力容器制造的组装和焊接技术，请依照本任务完成工艺卡的填写。

压力容器制造工艺过程卡

产品名称		产品编号		产品图号		制造工序	
部件编号		材质		规格		材料入库代号	
代用材料		代用材料规格		代用材料入库号		数量	

序号	工序名称	工艺内容	技术要求	质控符号	工装设备	操作者	日期	检验					简图说明
								检验项目	实测值	结论	签字	日期	
1	组对			E									
2	焊接			E									
3	探伤	RT探伤	探伤比例20%	H									
			透照级别AB级	H									
			合格级别Ⅲ级										
4	划线			E									
5	开孔			E									
6	组装												
7	焊接												
8	点固												
9	焊接												

考核评价

考核分类	项目	完成情况与能力提升评价		
		达成目标	基本达成	未达成
知识与技能考核	认知压力容器组装技术要求			
	认知常用组装机械及其使用方法			
	附件组装			
	认知埋弧焊			
	认知焊条电弧焊			
	认知钨极氩弧焊			
	认知焊后热处理			
	反思提升			

续表

考核分类	项目	完成情况与能力提升评价		
		达成目标	基本达成	未达成
素质能力考核	工匠精神			
	职业精神			
	科学精神			
	劳动精神			

拓展阅读

大国工匠——张冬伟

张冬伟，生于1981年12月，大专学历，现为沪东中华造船（集团）有限公司总装二部围护系统车间电焊二组班组长，高级技师，主要从事LNG（液化天然气）船的围护系统二氧化碳焊接和氩弧焊焊接工作。

张冬伟虽然年纪不大，却已是个明星工人，所获奖项无数：2005年度中央企业职业技能大赛焊工比赛铜奖，2006年第二十届中国焊接博览会优秀焊工表演赛一等奖，是当今世界最先进、建造难度最大的45000吨集装箱滚装船的建造骨干工人。

LNG船是国际上公认的高技术、高难度、高附加值的"三高"船舶。作为LNG船核心的围护系统，焊接是重中之重。围护系统使用的殷瓦大部分厚0.7mm，殷瓦焊接犹如在钢板上"绣花"，对操作人员的技术、耐心和责任心要求非常高。面对肩上的重担，张冬伟不断地磨炼自己的心性，培养专注度，潜心研究焊接工艺。为了攻破技术难关，他与技术人员放弃休息时间，日夜埋头在图纸堆中，潜心钻研技术突破。最终，他主持的实验取得了成功，得到专利方的认可，并用于LNG船的实际生产，收到良好成效。

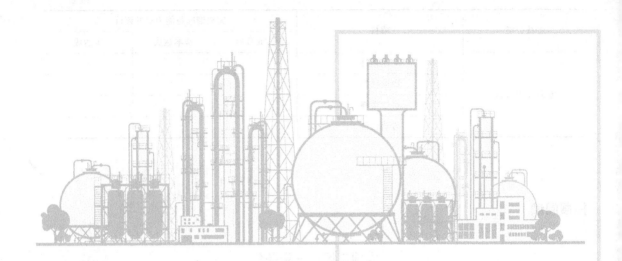

模块三

压力容器检验

压力容器检验贯穿整个设备制造过程。一方面是为了保证设备达到设计参数和使用性能;另一方面是为了保证制造过程的顺利进行以及使用的安全可靠性。本模块讲述压力容器检验的内容。

任务一
质量检验

学习目标

知识目标

（1）掌握压力容器质量检验的内容与方法；

（2）熟悉压力容器宏观检测的方法及种类；

（3）了解材料的理化试验和力学性能测试。

能力目标

（1）能简述压力容器质量检验的内容与方法；

（2）能简述压力容器宏观检测的方法。

素质目标

（1）通过学习质量检验内容等，培养以人为本的安全环保意识；

（2）通过互联网查寻、小组讨论完成练习，培养团结协作、诚信友善的职业精神和吃苦耐劳的劳动精神。

某钢管有限公司起重机操作人员操作一台 LDA 型 3T 电动单梁起重机起吊一捆钢管,当时该员工正按住上升按钮将一捆钢管向上吊起。当钢管起升到一定高度时,电动葫芦起升机构失去力矩,重物急速下坠,压倒一名正在钢管下方摆放垫木的工人,造成该工人死亡。

经查询,该台起重机检验报告书结论为不合格。因此,设备检验是保证企业员工安全和生产正常进行的保障。

一、认知质量检验内容与方法

压力容器主要通过焊接的方式将各个零部件组装在一起,因此焊接接头质量的好坏,将直接影响到结构的安全性,对焊接接头的检验至关重要,是进行质量检验的一项重要内容。另外,化工设备逐渐向大型化发展,为了减轻设备重量,需要降低壁厚,一般可以通过提高材料的强度级别,以及进行更为合理的设计等方式实现。这些都对质量检验提出了更高的要求。

设备制造过程中的检验,包括原材料的检验、加工工序间的过程检验、设备制造完的耐压试验和泄漏试验。检验的方法主要有:宏观检测、理化检测、无损检测。具体内容及方法如下:

(1) 材料、产品零件尺寸和几何形状的检验属于宏观检测,主要指直观(目视)检测和工具检测。

(2) 原材料和焊接金属(焊缝)的化学成分分析、机械性能试验、金相组织检验属于理化检测,主要是对压力容器材料(母材、焊接材料、焊缝金属等)的化学成分分析和力学性能测试,耐腐蚀性能测试等。

(3) 原材料和焊接接头(焊缝)的表面及内部缺陷的检验即无损检测,主要有射线检测、超声检测、磁粉检测、渗透检测和涡流检测等技术方法。在设备制造过程中,要根据设备的材质、结构、制造方法、工作介质、使用条件和失效模式,预计可能产生的缺陷种类、形状、部位和方向,选择适宜的无损检测方法。

(4) 设备的耐压试验和泄漏试验是对设备的设计和制造过程的综合性检验。不但在设备制造过程中要进行,在设备运行期间经定期检验或检修后均须进行。

上述这些项目,对于某一设备而言,并不一定要求全部进行。压力容器制造中,焊缝检验是最重要的项目,而无损检测是检测焊缝中是否存在缺陷的主要手段,它甚至贯穿于设备制造的全过程。

二、认知宏观检查

宏观检查是压力容器检验最基本的检验方法。宏观检查的方法简单易行，可以直接发现容器内、外表面比较明显的缺陷，快速获得容器的总体质量印象，从而为下一步其他检验内容，包括检测项目、方法、比例、部位的调整和实施提供依据。

宏观检查包括目视检查和几何尺寸测量。容器的几何尺寸测量包括容器本体和受压元件的结构尺寸、形状尺寸、缺陷尺寸以及厚度等。其中厚度测定需要使用超声波仪器，其余项目则是根据需要使用各种不同的手工量具进行检查，所以又称量具检查。

1. 目视法

目视法即肉眼检查，也可借手电筒、放大镜、内窥镜辅助检查。压力容器本体金属表面情况、结构的变化、颜色的变化都可以用肉眼扫视检查。也可借手电筒贴着容器平行照射，使得容器表面的坑槽、鼓包、表面的裂纹和变形更清楚地显示出来，这是灯光散射所不能达到的效果。当被检查的部位比较狭窄，无法用肉眼直接观察时，可以用反光镜或内窥镜伸进容器内进行检查，当怀疑容器表面有裂纹时，可以用纱布将被检查部位打磨干净，然后用浓度为10%的硝酸酒精溶液将其浸润，擦干净后用5~10倍的放大镜进行观察。对具有手孔或有较大接管而人又无法进到容器内用肉眼检查的小型容器，可将手从手孔或接管口中伸入，触摸容器的内表面，检查内壁是否光滑，有无凹坑、鼓包。当检查容器表面的防腐层、保温层、耐火隔热层、衬里或夹套等妨碍时，如果需要，应部分或全部拆除后再进行目视检查。

肉眼能迅速扫视大面积范围，获得直观印象，并且能够察觉细微的颜色和状态的变化，是其他检查方法无法替代的。目视检查时，一般采用先看结构后看表面，从整体到局部，从宏观到微观的检查次序。

2. 锤击检查

锤击检查是最古老的检验方法之一，也是很实用的检验方法，它低碳、环保、绿色。锤击检查是通过检验人员的听觉和手的知觉来判断被锤击的物体是否存在缺陷。压力容器的锤击检查，通常是用大约0.5kg的尖头手锤轻轻地敲击压力容器壳体或部件的金属表面。检验检测人员可根据所发出的声音和小锤的弹跳程度来判断压力容器是否良好。如果小锤声音清脆和弹跳状况良好，那么表明被敲击的部位没有重大的缺陷，相反则反之。

3. 几何尺寸测量

几何尺寸测量又可分为整体几何尺寸测量和局部几何尺寸测量两类。前者对容器的主要几何尺寸进行检测，通常是在容器组装过程中或接近制造完工阶段的规定验收项目中进行；而后者则是在目视检查的基础上进行的定量测量，目视检查是一种定性检测，对目视检查发现的弯曲、变形、凹陷、鼓包、腐蚀、沟槽、焊缝表面气孔、凹坑、咬边、裂纹等缺陷需要进行定量，以确定缺陷的严重程度。简单的量具检查方法包括用平直尺检查直线度、用弧形样板检查弧度、用游标卡尺或塞尺测量沟槽或腐蚀坑的深度和鼓包的高度、用卷尺测量圆周长计算筒体直径等。主要检验容器本体和受压元件的结构尺寸、形状尺寸及缺陷尺寸。

① 采用焊规、焊缝检验尺及样板尺等工具对纵缝和环焊缝的对口错边量、棱角度进行检验。

② 对直立容器及球形容器的支柱的焊后直线度进行检验。

③ 用卷尺测量筒体不同部位的周长，确定筒体的最大直径与最小直径，满足 GB 150—2011 要求。

④ 封头检验。用卷尺测量封头直径差，用样板检验封头（椭圆、碟形、球形）内表面形状偏差。测量封头表面凹凸量、直边高度及直边部位的纵向褶皱量。

⑤ 检验焊缝余高、角焊缝焊角尺寸。

练一练：

简述目视法、几何尺寸测量法的检验项目。

三、认知理化实验

1. 硬度测定

硬度是材料抵抗局部塑性变形的能力，对于碳钢及合金钢材料来说，含碳量越高，硬度越大。常用金属材料硬度指标有布氏硬度（HB）、洛氏硬度（HR）和维氏硬度（HV）。

压力容器检验中的硬度检测应用有如下几方面：

① 对于一般的碳素钢、低合金钢制压力容器，当材质不清楚或有疑问时，可通过测定硬度，并根据硬度与强度的关系近似求出材料的强度值。常用的换算公式：

$$ReL = 3.28HV - 221 \text{（适用母材）}$$

$$ReL = 3.35HB \text{（适用 HB} \leqslant 175 \text{ 的材料）}$$

② 在焊接性能实验中检测接头断面、焊缝和热影响区的硬度，判断材料焊接性和焊接工艺的适用性。

③ 在现场检验焊接区的硬度用来判断焊接工艺的执行情况和焊接接头质量。

④ 对整体或局部热处理容器的焊缝区硬度检验，检测热处理效果，用来判断接头应力消除情况。

⑤ 长期高温使用的容器硬度可能改变，硬度检验可以判断组织如何变化。

⑥ 对在应力腐蚀环境中的压力容器进行硬度检验，可以判断应力腐蚀倾向。

2. 化学元素分析

容器材料入库、使用前，为防止材料有误或确认化学成分是否符合要求，必须对材料进行复验。

对在用容器，如果材料不明，也必须进行化学元素分析；当存在腐蚀的情况下，如果存在裂纹，为判断裂纹是否与腐蚀有关，应对裂纹处组织进行化学元素分析，确定是否有腐蚀物。

化学元素分析的方法很多，钢铁化学元素分析方法有原子发射光谱分析和化学分析。微量元素分析仪器有电子探针、离子探针及俄歇电子能谱仪等。原子发射光谱分析仪器有三类：第一类为看谱线分析，仪器为看谱镜，用于鉴别材料中是否有某种元素；第二类为光电式光谱分析，仪器为数字式光谱分析仪，进行材料成分的定性与定量分析；第三类为荧光光谱分析，利用 X 射线或 γ 射线来激发被分析原子发出荧光 X 射线，通过荧光光谱来鉴别元素种类和数量。化学元素分析方法有比色法、滴定法、重量法、萃取法、燃烧法、气体容量法、电导法等，可精确分析材料中元素含量。

3. 金相检验

检验金属材料微观金相组织，应用目的如下：

① 检验材料质量及热处理状态和热处理效果；

② 检验材料晶粒度；

③ 检验焊接质量,判断焊接后组织;
④ 检验材料中微观缺陷,如晶间裂纹、疏松、过烧等;
⑤ 检验材料在长期高温环境下发生的劣化,如珠光体化、石墨化;
⑥ 腐蚀环境下,可能发生的晶间腐蚀或应力腐蚀裂纹;
⑦ 高温、高压、临氢环境下的氢腐蚀,如脱碳、氢腐蚀裂纹等;
⑧ 在役压力容器的断口金相检验,确定腐蚀或断裂类型,分析失效原因。

金相检验操作程序首先选择代表性检验点,其次用砂轮打磨出金属磨面,用从粗到细的砂纸或研磨膏打磨金属磨面,再用抛光液或抛光膏抛成镜面,最后用合适试剂侵蚀光面,使金相组织显露。

4. 应力应变实验

容器应力分析有两种分析方法。一种为理论分析,利用材料力学、弹性力学或有限元法,求应力理论值。另一种为实验测试方法,通常利用应变片,测量构件受载后表面或内部的真实应力大小。对容器进行静态应力-应变测试,常用电阻应变片测量(电测法)、光弹性方法、应变脆性涂层。测量容器剩余应力采用 X 射线衍射法或小孔松弛法。

焊接剩余应力测试采用小孔松弛法,操作方法为:将焊缝区域打平,然后贴上应变片,在应变片附近钻一个直径与深度相同的盲孔,一般为 2~3mm,孔区剩余应力松弛孔边变形,应变片变形,测出剩余应力。

练一练:

简述理化实验的种类。

四、认知力学性能测试

材料力学性能测试使用在如下场合:容器材料复验、焊接工艺评定、产品焊接试板,考察容器材料的强度、塑性、韧性、可弯性及焊接性。力学性能测试包括拉伸试验、弯曲试验和冲击试验。各项试验的方法及其试样尺寸在有关试验标准中均有详细介绍,材料拉伸试验按 GB/T 228.1—2021《金属材料拉伸试验 第 1 部分:室温试验方法》;材料弯曲试验按 GB/T 232—2010《金属材料弯曲试验方法》;冲击试验按 GB/T 229—2020《金属材料夏比摆锤冲击试验方法》;焊接工艺评定的力学性能试验按 NB/T 47014—2011《承压设备焊接工艺评定》;焊接试板力学性能试验按 NB/T 47016—2011《承压设备产品焊接试件的力学性能检验》。

1. 拉伸试验

在一定温度与静载荷下,测定金属材料在单向拉力作用下的抗拉强度(Rm)、屈服点(ReL)、延伸率(δ)、截面收缩率(ψ)等力学性能指标。对原材料选取圆截面拉伸试件,测试标距与直径之比有 5 和 10 两种。对焊接试板选取矩形截面的扁拉伸试件,由于截面影响,对 ReL、δ、ψ 不能准确测定,只以抗拉强度 Rm 作评价指标。

2. 弯曲试验

对原材料进行弯曲试验,评定金属塑性变形能力;对焊接接头进行弯曲试验,评定焊接部位塑性变形能力,检验焊接接头的内部缺陷,评定接头的工艺性能和焊工操作水平。弯曲试件可为圆形、方形、矩形或多边形截面,试件在弯曲装置上经受弯曲塑性变形,不改变加力方向,直到规定的弯曲角度,试件拉伸部位出现裂纹及焊接缺陷尺寸,按相应标准和技术条件评定。

3. 冲击试验

冲击试验是用规定的高度摆锤对处于简支梁状态有缺口的试件进行一次性打击,测量试件断裂时的冲击吸收功。缺口对冲击功影响大,压力容器规定冲击试验采用对缺口比较敏感的夏比 V 形缺口试样。

冲击试验目的:

① 测量原材料与焊接接头韧性;韧性指规定温度下,材料抵抗冲击载荷吸收能量的能力,即材料从塑性变形到断裂全过程吸收能量的能力。

② 根据冲击韧性评价焊材选择和焊接工艺的合理性。

4. 设备制造试样制取的简要说明

(1) 材料机械性能检验试样的制取　制造中常常要对钢板、锻件法兰和管板等进行机械性能试验。

钢板用作机械性能检验的试样,可以在钢板轧制方向的纵、横方向上分别截取,以检验两个不同方向上的机械性能指标,由于轧制钢板的方向性而使其横向机械强度低于纵向机械强度,因此一般仅取横向试样即可。

锻件法兰的机械性能试样,可以在法兰厚度的切线方向上切取,也可以在法兰孔芯取样。锻件管板因是盘状,故试样多在厚度的边缘切线方向上切取。当需先在管板上割取环形圈时,其环形圈必须具有能制取切向试样的宽度。

(2) 焊接接头机械性能试样的制取　试样在无损检验合格的焊接试板上选取,要求焊缝处于试样的中段,而试样的长度方向还应与焊缝垂直。

取试样时,焊接试板的两端应舍去一定长度余量,对于手工焊,其舍去的长度应不小于 30mm;对于自动焊,其舍去的长度余量则不应小于 40mm。当焊接试板上有引弧板或熄弧板时,试样亦可直接在焊接试板上制取。

对于对接焊的管子,当其外径小于或等于 30mm 时,可用整根管子作拉力试样,当外径大于 30mm 时,亦应作剖管试样,即在管子轴对称方向上分别截取两个试样作同一检验项目。当需作弯曲试验时,在管子轴对称方向所截取的两个试样中,其一作背弯试样,而另一个则作面弯试样。

练一练:

简述力学性能试验的种类及遵循的标准。

本节任务讲述了压力容器的质量检验内容与方法;压力容器宏观检测的方法及种类;请用思维导图的形式写出压力容器制造的主要质量检验标准。

模块三
压力容器检验

考核分类	项目	完成情况与能力提升评价		
		达成目标	基本达成	未达成
知识与技能考核	认知质量检验内容与方法			
	认知宏观检查			
	认知理化实验			
	认知力学性能测试			
	反思提升			
素质能力考核	工匠精神			
	职业精神			
	安全精神			
	劳动精神			

任务二
无损检测

学习目标

◉ 知识目标

(1) 了解射线检测的方法、主要技术及检测质量评定;
(2) 熟悉无损检测概念及目的;
(3) 掌握超声波、渗透检测的方法和缺陷识别。

◉ 能力目标

(1) 能进行超声波检测并识别缺陷;
(2) 能进行渗透检测并识别缺陷。

◉ 素质目标

(1) 通过无损检测试验,培养精益求精、一丝不苟的工匠精神和求真务实、积极探索的科学精神;
(2) 通过互联网查寻、小组讨论完成练习,培养团结协作、诚信友善的职业精神和吃苦耐劳的劳动精神。

在对焊接质量外检合格后,工厂会提出无损检测委托单,对焊缝内部质量进行检测。本任务学习无损检测的种类和方法。

前面提到质量检测包括很多项目,对于某一设备而言,这些并不一定要求全部进行。压力容器制造中,焊缝检验是最重要的项目,而无损检测是检测焊缝中存在缺陷的主要手段,它甚至贯穿于设备制造的全过程。射线和超声检测主要用于设备内部缺陷的检测;磁粉检测主要用于铁磁性材料制设备的表面和近表面缺陷的检测;渗透检测主要用于非多孔性金属材料和非金属材料制设备的表面开口缺陷的检测;涡流检测主要用于导电金属材料制设备表面和近表面缺陷的检测。本任务将重点介绍无损检测的上述五种检测方法。

一、认知无损检测概念及目的

1. 无损检测概念

无损检测是指在不损伤和破坏材料、机器和结构的情况下,对它们的物理性质、机械性能以及内部结构等进行检测的一种方法,是探测其内部或外表缺陷(伤痕)的现代检验技术。所以,无损检测技术是提高产品质量,促进制造技术进步不可缺少的手段。

无损检测的目的:

(1)确保工件或设备质量,保证设备安全运行 用无损检测来保证产品质量,使之在规定的使用条件下,在预期的使用寿命内,产品的部分或整体都不会发生破损,从而防止设备和人身事故,这是无损检测最重要的目的之一。

(2)改进制造工艺 无损检测不仅要把工件中的缺陷检测出来,而且应该帮助其改进制造工艺。例如,焊接某种压力容器,为了确定焊接规范,可以根据预定的焊接规范制成试样,然后用射线照相检查试样焊缝,随后根据检测结果,修正焊接规范,最后确定能够达到质量要求的焊接规范。

(3)降低制造成本 通过无损检测可以达到降低制造成本的目的。例如,焊接某容器,不是把整个容器焊完后才无损检测,而是在焊接完工前的中间工序先进行无损检测,提前发现不合格的缺陷,及时进行修补。这样就可以避免在容器焊完后,由于出现缺陷而使整个容器不合格,从而节约了原材料和工时费,达到降低制造成本的目的。

2. 无损检测的相关标准

NB/T 47013《承压设备无损检测》系列标准规定了射线检测、超声检测、磁粉检测、渗透检测、涡流检测、目视检测、泄漏检测、声发射检测、衍射时差法超声检测、X射线数字成像检测、漏磁检测、脉冲涡流检测和相控阵超声检测等十余种无损检测方法的一般要求和使用原则。该系列标准适用于在制和在用金属材料承压设备的无损检测。

NB/T 47013.1～47013.15 分为十五个部分：其各个部分标准名称及状态如表3-1所示。

表3-1　承压设备无损检测标准列表

标准编号	标准名称	发布部门	实施日期及状态
NB/T 47013.1—2015	《承压设备无损检测 第1部分:通用要求》	国家能源局	2015-09-01 现行
NB/T 47013.2—2015	《承压设备无损检测 第2部分:射线检测》	国家能源局	2015-09-01 现行
NB/T 47013.2—2015/XG1—2018	《承压设备无损检测 第2部分:射线检测》行业标准第1号修改单	国家能源局	2018-07-01 现行
NB/T 47013.3—2015	《承压设备无损检测 第3部分:超声检测》	国家能源局	2015-09-01 现行
NB/T 47013.3—2015/XG1—2018	《承压设备无损检测 第3部分:超声检测》行业标准第1号修改单	国家能源局	2018-07-01 现行
NB/T 47013.4—2015	《承压设备无损检测 第4部分:磁粉检测》	国家能源局	2015-09-01 现行
NB/T 47013.5—2015	《承压设备无损检测 第5部分:渗透检测》	国家能源局	2015-09-01 现行
NB/T 47013.6—2015	《承压设备无损检测 第6部分:涡流检测》	国家能源局	2015-09-01 现行
NB/T 47013.7—2012(JB/T 4730.7)	《承压设备无损检测 第7部分:目视检测》	国家能源局	2012-03-01 现行
NB/T 47013.8—2012(JB/T 4730.8)	《承压设备无损检测 第8部分:泄漏检测》	国家能源局	2012-03-01 现行
NB/T 47013.9—2012(JB/T 4730.9)	《承压设备无损检测 第9部分:声发射检测》	国家能源局	2012-03-01 现行
NB/T 47013.10—2015	《承压设备无损检测 第10部分:衍射时差法超声检测》	国家能源局	2015-09-01 现行
NB/T 47013.11—2015	《承压设备无损检测 第11部分:X射线数字成像检测》	国家能源局	2015-09-01 现行
NB/T 47013.11—2015/XG1—2018	《承压设备无损检测 第11部分:X射线数字成像检测》行业标准第1号修改单	国家能源局	2018-07-01 现行
NB/T 47013.12—2015	《承压设备无损检测 第12部分:漏磁检测》	国家能源局	2015-09-01 现行
NB/T 47013.13—2015	《承压设备无损检测 第13部分:脉冲涡流检测》	国家能源局	2015-09-01 现行
NB/T 47013.14—2016	《承压设备无损检测 第14部分:X射线计算机辅助成像检测》	国家能源局	2016-12-01 现行
NB/T 47013.15—2021	《承压设备无损检测 第15部分:相控阵超声检测》	国家能源局	2021-08-26 现行

3. 无损检测的部分应用范围

（1）材料和机器的计量检测　通过定量的测定材料和机器的变形量或腐蚀量来确定能不能继续使用。例如，用超声波测厚仪来测定容器的腐蚀量，通过射线照相来测定原子反应堆用过的燃料棒的变形量、喷气发动机叶片的变形量等。

（2）材质的无损检测　无损检测可以用来验证材料品种是否正确，是否按规定进行处理。例如，可采用电磁感应法来进行材质混料的分选和材料热处理状态的判别。

（3）表面处理层的厚度测定　确定各种表面层的深度和厚度。例如，用电磁感应检测法可以测定渗碳淬火层的深度和镀层的厚度。

二、认知射线检测（RT）

射线检测（图 3-1）有 X 射线、γ 射线和中子射线等检测方法。它是利用各种射线源对材料的透射性能及不同材料的射线的衰减程度的不同，使底片感光成黑度不同的图像来观察的。射线检测用来检测产品的气孔、夹渣、铸造孔洞等立体缺陷。当裂纹方向与射线平行时就能被检查出来。

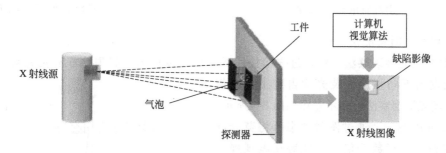

图 3-1　射线检测流程示意

1. 射线检测基本原理

射线穿透物体时，不同密度的物质（如缺陷部位和无缺陷部位）对射线的吸收能力不同，射线能量的衰减程度就不同。物质的密度愈小，射线能量的衰减也愈小，透过物质的射线能量就愈大。通常，透过有缺陷部位的射线强度高于无缺陷部位的强度，通过检测透过被检物体后射线强度的差异，可以判断被检物中是否存在缺陷。

2. 射线检测的优缺点

优点是检测结果可作为档案资料长期保存，检测图像较直观，比较容易判断缺陷的尺寸和性质。

缺点是当裂纹面与射线近于垂直时就很难检查出来，对工件中平面型缺陷（裂纹未熔合等缺陷）也具有一定的检测灵敏度，但与其他常用的无损检测技术相比，对微小裂纹的检测灵敏度较低，并且生产成本高于其他无损检测技术，其检验周期也较其他无损检测技术长，并且射线对人体有害，需要有防护设备。

3. 射线检测的主要方法

（1）射线照相法　胶片置于工件背后，射线穿透工件，若工件中存在缺陷，则在缺陷部位射线穿透工件的实际厚度减少，使胶片接收透过的射线强度高于无缺陷部位，感光量大，胶片冲洗后，感光量大黑度大，感光量小黑度小。根据底片上影像的黑度分析判断被检物中缺陷是否存在以及缺陷的数量、位置、性质。射线照相原理示意图如图 3-2 所示，照相原理放大示意图如图 3-3 所示。

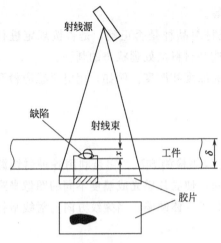

图 3-2 射线照相原理示意图

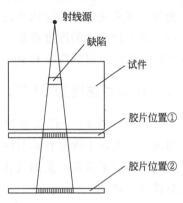

图 3-3 投影式放大照相原理

(2) 射线实时检测法

① 射线荧光屏观察法。将透过被检件后的不同强度的射线投射到涂有荧光物质的荧光屏上，激发出不同强度的荧光而得到工件内部的影像，荧光屏观察法检测示意图如图 3-4 所示。

② 工业电视法。通过图像增强器将荧光屏上图像的亮度提高数千倍，摄像后在电视屏上进行观察。

与照相法相比，射线实时检测法具有不用射线胶片、可连续检测、实时、高效、成本低、劳动条件好等优点，但检测灵敏度低、分辨率受到限制。

(3) 射线计算机断层扫描技术，简称 CT (computer tomography) 将射线源和检测接收器固定在同一扫描机架上，同步地对被检物体某一断面进行联动扫描，一次扫描结束后机器转动一个角度对同一断面进行下一次扫描，如

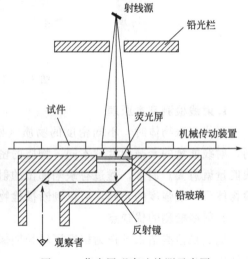

图 3-4 荧光屏观察法检测示意图

此反复多次即可采集到同一断面的若干组数据，经计算机软件处理后得到该断面的真实二维图像。

4. 常见缺陷及其影像特征

用 X 射线探伤方法摄制出来的焊缝照片，可根据阴影的位置、形状和大小来判断焊缝是否有气孔、未焊透、夹渣及裂纹等缺陷。

当照片上的阴影为黑化程度不同且有规则的小圆点时，即表明焊缝内有气孔。若阴影为形状鲜明的直线形或曲线形的细黑线条，说明焊缝有裂纹。未焊透缺陷反映在照片上是一条有规则的连续或断续的直线黑影。在用薄药焊条焊成的焊缝内，其夹渣的形状与气孔一样，通常也为黑色圆点，若用厚药焊条施焊，其夹渣则呈现为拉长的断续条状黑影，如图 3-5 所示。表 3-2 总结了焊缝缺陷影像特征及辨别方法。

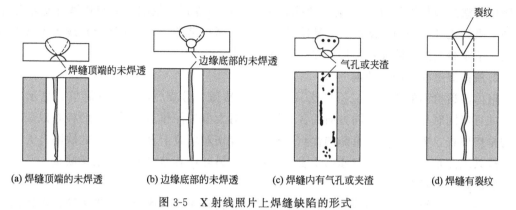

图 3-5 X 射线照片上焊缝缺陷的形式

表 3-2 焊缝缺陷影像特征及辨别

缺陷种类	影像特征及辨别
裂纹	呈曲线或直线状黑色条纹,两端尖细且黑度渐小。当裂纹的深度方向(裂纹面)与射线投射方向一致或夹角较小时底片上影像较清晰
未熔合	呈不规则连续或断续条、块状黑色影像,影像模糊不清,当未熔合面与射线投射方向一致时黑度才较深
未焊透	呈平行于焊缝方向连续或间断黑色线条,黑度较大,影像清晰
夹渣	非金属夹渣呈不规则黑色点、块、条状分布,黑度较均匀,轮廓较清晰;金属夹渣——夹钨呈清晰的白色斑点
气孔	呈圆形或椭圆形黑点,中心黑度较大,边缘轮廓清晰,一般以单个、链状、网状密集出现

 练一练:

简述射线检测的工作原理。

三、认知液体渗透检测

液体渗透检测是检查工件或材料表面缺陷的一种方法,它不受材料磁性的限制,比磁粉探伤的应用范围更加广泛。多应用于各种金属、非金属、磁性、非磁性材料及零件的表面缺陷的检查。一般除表面多孔性材料以外,几乎一切材料的表面开口缺陷都可以应用此方法获得满意的检测结果。

1. 液体渗透检测的基本原理

液体渗透检测包括荧光检测和着色检测,它们都是利用某些液体的渗透性等物理特性来发现和显示缺陷的。

荧光法较着色法有较高的检测灵敏度,但着色检测设备比荧光检测的简单,操作方便,在焊接检验中应用较广。特别适用于不能采用磁粉检测的非铁磁性材料的检验,如奥氏体不锈钢和铝及镍基合金等。一般可检测出 $0.5\mu m$ 的微裂纹,最小可检测出 $0.2\mu m$ 的微裂纹。

渗透检测的基本原理是:在被检工件表面涂覆某些渗透力较强的渗透液,在毛细作用下,渗透液渗入到工件表面开口的缺陷中,然后去除工件表面上多余的渗透液(渗透到表面缺陷中的渗透液仍被保留）；再在工件表面上涂一层显像剂，缺陷中的渗透液在毛细作用下重新被吸到工件的表面，从而形成缺陷的痕迹。根据在黑光（荧光渗透液）或白光（着色渗透液）下观察到的缺陷显示痕迹，作出缺陷的评定。

2. 液体渗透检测的优缺点

液体渗透检测的优点是应用广泛、原理简明易懂、检查经济、设备简单、显示缺陷直观，并可以同时显示各个不同方向的各类缺陷。对大型工件和不规则零件的检查以及现场机件的抢修检查，更能显示其特殊的优点。但渗透探伤对埋藏于表皮层以下的缺陷是无能为力的，故其缺点是只能检查开口暴露于表面的缺陷，另外还有操作工序繁杂等缺点。

3. 渗透检测步骤

第一步：将被探工件喷涂、刷涂、浇涂、浸涂具有高度渗透能力的渗透液，渗透剂覆盖在被检工件表面上，并保持润湿状态不少于10min，由于液体的润湿作用和毛细现象，渗透液便渗入工件表面缺陷中；

第二步：将工件缺陷以外的多余渗透液清洗干净，热风干燥或自然干燥；

第三步：涂一层亲和吸附力很强的显像剂，将渗入裂缝中的渗透液吸出来；

第四步：着色渗透检测直接观察缺陷显示痕迹，荧光渗透检测在紫外线灯下观察缺陷显示痕迹，如图3-6所示。

图 3-6　渗透检测现象

 练一练：

阅读渗透检测说明书，对试块进行渗透检测。

四、认知磁粉检测

1. 磁粉检测基本原理

铁磁性材料的工件被磁化后，其表面和近表面的缺陷处磁力线发生变形，逸出工件表面形成漏磁场。在工件表面撒上磁粉，通过漏磁场吸引磁粉堆积形成的磁痕来评价缺陷的大小、形状和位置（图3-7）。

因此，磁粉检测首先是对被检工件加外磁场进行磁化。

图 3-7　磁粉检测

外加磁场的获得一般有两种方法：一种是由可以产生大电流（几百安培至上万安培）的磁力探伤机直接给被检工件通大电流而产生磁场；另一种是把被检工件放在螺旋管线圈产生的磁场中，或是放在电磁铁产生的磁场中使工件磁化。工件被磁化后，在工件表面上均匀喷撒微颗粒的磁粉（磁粉平均粒度为 5～10μm），一般用四氧化三铁或三氧化二铁作为磁粉。

如果被检工件没有缺陷，则磁粉在工件表面均匀分布。当工件上有缺陷时，由于缺陷（如裂纹、气孔、非金属夹杂物等）内含有空气或非金属，其磁导率远远小于工件的磁导率；由于磁阻的变化，位于工件表面或近表面的缺陷处产生漏磁场，形成一个小磁极，如图 3-8 所示。

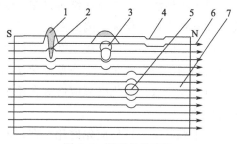

图 3-8 漏磁场的产生
1—漏磁场；2—裂纹；3—近表面气孔；
4—划伤；5—内部气孔；6—磁力线；7—工件

磁粉将被小磁极所吸引，缺陷处由于堆积比较多的磁粉而被显示出来，形成肉眼可以看到的缺陷图像。

为了使磁粉图像便于观察，可以采用与被检工件表面有较大反衬颜色的磁粉。常用的磁粉颜色有黑色、红色和白色。为了提高检测灵敏度，还可以采用荧光磁粉，在紫外线照射下使之更容易观察到工件中缺陷的存在。

2. 磁粉检测的应用

磁粉检测用于检测铁磁性材料和工件（包括铁、镍等）表面上或近表面的裂纹以及其他缺陷。对表面缺陷最灵敏，对表面以下的缺陷随埋藏深度的增加检测灵敏度迅速下降。

采用磁粉检测方法检测磁性材料的表面缺陷，比采用超声波或射线检测的灵敏度高，而且操作简便、结果可靠、价格便宜，因此被广泛用于磁性材料表面和近表面缺陷的检测。对于非磁性材料，如有色金属、奥氏体不锈钢、非金属材料等不能采用磁粉检测方法。但当铁磁性材料上的非磁性涂层厚度不超过 50μm 时，对磁粉检测的灵敏度影响很小。

3. 磁粉检测操作

① 工件的预处理：清除表面油污、锈蚀、毛刺、氧化皮。

② 磁化：根据选定的磁化规范进行磁化。连续法：磁化的同时，将磁粉或磁悬液施加到工件表面；剩磁法：停止磁化后，将磁粉或磁悬液施加到工件表面。

③ 施加磁粉。

④ 磁痕观察分析：肉眼观察或借助放大镜观察。

⑤ 退磁及后处理：使工件剩磁回零的过程叫退磁。交流退磁：将工件从通电的磁化线圈中缓慢移出，或将工件放入通电的磁化线圈内，将电流逐渐减小到零；直流退磁：将需退磁的工件放入直流电场中，不断改变电流方向，并逐渐减小电流至零。

⑥ 标记：对缺陷部位用油漆或颜色笔做标记。

⑦ 记录与报告：对检验结果作出详细报告。

4. 磁粉检测方法

（1）湿法　磁悬液应采用软管浇淋或浸渍法施加于试件，使整个被检表面被完全覆盖。

采用连续法时，磁化电流应在施加磁悬液之前或从磁悬液中取出之前接通（如果检测采用浸渍法），并保持 0.2～0.5s，直至试件被磁悬液覆盖，磁悬液覆盖膜足以产生良好的磁痕。

采用剩磁法时，试件应通过施加电流至少 0.2s 的方法来磁化。此后，切断磁化电流，采用软管浇淋或浸渍法施加磁悬液。

对于浸渍法，试件应仔细地从磁悬液中取出，以免冲掉磁痕。对于剩磁荧光磁粉检验法，如觉得有必要保证缺陷的磁痕有效，则试件可放在用于制备磁悬液的载液中仔细清洗。

（2）干法　磁粉应直接喷撒在被检区域，并除去过量的磁粉。轻轻地振动试件，使其获得较为均匀的磁粉分布。应注意避免使用过量的磁粉，不然会影响缺陷的有效显示。

对于连续法，磁化电流应恰好在施加磁粉前接通，并应在其后的吹风、轻敲或振动中，保持接通。

对于剩磁法，试件应先磁化，在切断磁化电流之后，再按上述方法施加磁粉。

练一练：

简述磁粉检测操作步骤。

五、认知超声波探伤

1. 超声波探测的原理

超声波也是一种在一定介质中传播的机械振动，它的频率很高，超过了人耳膜所能觉察出来的最高频率（20000Hz），故称为超声波。超声波在介质中传播时，当从一种介质传到另一种介质时，在界面处发生反射与折射。超声波几乎完全不能通过空气与固体的界面，即当超声波由固体传向空气时，在界面上几乎百分之百被反射回来。如金属中有气孔、裂纹、分层等缺陷，因这些缺陷内有空气等存在，所以超声波到达缺陷边缘时就全部反射回来，超声波检测就是根据这个原理实现的。

由于超声波在气体中衰减大，为减少超声波在探头与工件表面间的衰减损失，检测表面要有一定光洁度，并在探头与工件表面之间加耦合剂（如机油、变压器油、水玻璃等），以排除空气，减少能量损失，使超声波顺利通过分界面进入工件内部。

如果探头尺寸一定，超声波的频率越高，波长就越短，声束就越集中，即指向性越好，对检测越有利（灵敏度高），易于发现微小缺陷。常用的超声波频率带为 2.5～5MHz。

2. 超声波探测扫描方法

超声波探伤主要是通过测量信号往返于缺陷的渡越时间，来确定缺陷和表面间的距离；测量回波信号的幅度和发射换能器的位置，来确定缺陷的大小和方位，这就是通常所说的脉冲反射法或 A 扫描法。此外，还有 B 扫描和 C 扫描等方法，B 扫描可以显示工件内部缺陷的纵截面图形，C 扫描可以显示工件内部缺陷的横剖面图形。

焊缝通常采用纵波法或横波法进行检测，由于焊缝表面凹凸不平，因此焊缝以横波法居多。平板对接焊缝的检测操作过程为：确定探测频率→选择探头 K 值→选择正确的探测方向→探测灵敏度的校检→确定探头移动范围→缺陷的判别→焊缝质量评定。

（1）纵波法　纵波法是采用直探头将声束垂直入射工件探伤面进行检测的方法，简称垂直法。在起始脉冲波与工件背面的波形图之间，如果没有其他波形出现，则说明超声波在该工件的传播中未发现缺陷；反之，若有其他波形出现，则说明工件内部有缺陷存在。此时便可根据波峰的位置、大小与形状估算出工件缺陷的位置、大小与形状，如图 3-9 所示。纵波法易于发现与探伤面平行或近于平行的缺陷。

纵波探伤法检验钢板时，探头应沿垂直于钢板的压延方向且间距为100mm的平行线移动，如图3-10所示。探伤操作前，将超声波探伤仪放在被检验钢板上，用水或油作耦合剂，按上述方法进行探伤。当监视到有缺陷波形出现时，还应在其两侧进行探查，以确定缺陷面积，并用显示笔记录在钢板上。当缺陷波属于下述情况之一者，应记入缺陷面积：无底波而只有缺陷波的多次反射；缺陷波和底波同时存在；无底波而只有多个紊乱的缺陷波。若缺陷的间距小于100mm，还应将各分散缺陷合并为一个缺陷来进行判定。

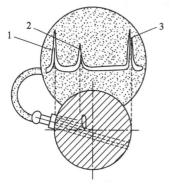

图 3-9 圆截面工作采用纵波脉冲
反射式探伤法时的波形图
1—起始脉冲波；2—工件缺陷波；3—波底

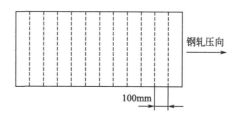

图 3-10 钢板探伤时探头的移动方向

当直探头在无缺陷工件上移动时，则检测仪的荧光屏上只有始波A和底波B，如图3-11(a)所示；若探头移到有缺陷处，且缺陷的反射面比声束小，则荧光屏上出现始波A、缺陷波F和底波B，如图3-11(b)所示；若探头移到大缺陷处（缺陷比声束大），则荧光屏上只出现始波A和缺陷波F，如图3-11(c)所示。

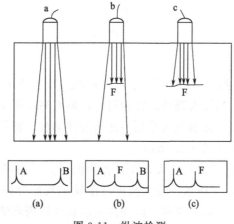

图 3-11 纵波检测

（2）横波法　横波法是采用斜探头将声束倾斜入射工件检测面进行检测的方法，简称斜射法。当斜探头在无缺陷检测面上移动时，由于声束倾斜入射到底面产生反射后，在工件内以W形路径传播，故没有底波出现，荧光屏上只有始波T，如图3-12(a)所示；当工件存在缺陷而缺陷与声束垂直或倾斜角很小时，声束就会被反射回来，在荧光屏上出现始波T和缺陷波F，如图3-12(b)所示；当探头在无缺陷面上移动至接近板端时，则声束将被端角反射回来，在示波屏上出现始波T和板端反射波B，如图3-12(c)所示。

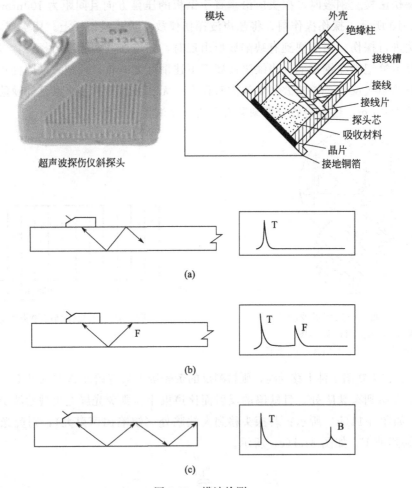

图 3-12 横波检测

(3) 缺陷特征

① 气孔。气孔一般是球形,反射面较小,对超声波反射不大,在荧光屏上单独出现一个尖波,波形也比较单纯。当探头绕缺陷转动时,缺陷波高度不变,但探头原地转动时,单个气孔的反射波即迅速消失。而链状气孔则不断出现缺陷波,密集气孔则出现数个此起彼落的缺陷波。单个气孔的波形如图 3-13 所示。

② 裂纹。裂纹的反射面积比气孔大,而且较为曲折。用斜探头探伤时荧光屏上往往出现锯齿较多的尖波,如图 3-14 所示。若探头此时沿缺陷长度方向平行移动,波形中锯齿变化很大,波高也有些变化。当探头平移一段距离后波高才逐渐降低至消失。但当探头绕缺陷转动时,缺陷波迅速消失。

③ 夹渣。夹渣本身形状不规则,表面粗糙,故其波形是由一串高低不同的小波合并的,波根部较宽,如图 3-15 所示,当探头沿缺陷平行移动时,条状夹渣的波会连续出现。转动探头时,波高迅速降低。而块状夹渣在较大的范围内都有缺陷波,且在不同方向探测时,能获得不同形状的缺陷波。

④ 未焊透。未焊透的波形基本上和裂纹波形相似,不同的是没有裂纹波形那么多锯齿。当未焊透伴随夹渣时,与裂纹波形区别才较显著,因为这时兼有夹渣的波形。当斜探头沿缺

陷平移时，在较大的范围内存在缺陷波。当探头垂直于焊缝移动时，缺陷波消失的快慢取决于未焊透的深度。

⑤ 未熔合。未熔合多出现在母材与焊缝的交界处，其波形基本上与未焊透波形相似，但缺陷范围没有未焊透那样大。

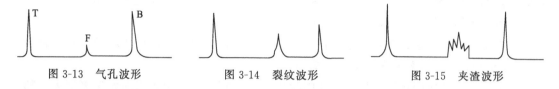

图 3-13　气孔波形　　　　　图 3-14　裂纹波形　　　　　图 3-15　夹渣波形

3. 超声波探测的应用

超声波检测是工业无损检测中应用最为广泛的一种方法。

就无损探伤而言，超声波法适用于各种尺寸的锻件、轧制件、焊缝，无论是钢铁、有色金属和非金属，都可以采用超声波法进行检验。各种机械零件、结构件、电站设备、船体、锅炉、压力容器和化工容器、非金属材料等，都可以用超声波进行有效的检测。有的采用手动方式，有的可采用自动化方式。

就物理性能检测而言，用超声波法可以无损检测厚度、材料硬度、淬硬层深度、晶粒度、液位和流量、残余应力和胶接强度等。

练一练：

使用超声波设备分别用纵波法和横波法对金属块进行检测，并说明金属块的缺陷，按 GB/T 11345—2013《焊缝无损检测　超声检测　技术、检测等级和评定》分为哪几级？

六、认知涡流检测

涡流检测是工业上无损检测的方法之一。向一个线圈通入交流电，在一定条件下通过的电流是不变的。如果把线圈靠近被测工件，像船在水中那样，工件内会感应出涡流，受涡流影响，线圈电流会发生变化。由于涡流的大小随工件内有没有缺陷而不同，所以线圈电流变化的大小能反映有无缺陷。

原理：将通有交流电的线圈置于待测的金属板上或套在待测的金属管外，这时线圈内及其附近将产生交变磁场，使试件中产生呈旋涡状的感应交变电流，称为涡流。涡流的分布和大小，除与线圈的形状和尺寸、交流电流的大小和频率等有关外，还取决于试件的电导率、磁导率、形状和尺寸、与线圈的距离以及表面有无裂纹缺陷等。因而，在保持其他因素相对不变的条件下，用一探测线圈测量涡流所引起的磁场变化，可推知试件中涡流的大小和相位变化，进而获得有关电导率、缺陷、材质状况和其他物理量（如形状、尺寸等）的变化或缺陷存在等信息。但由于涡流是交变电流，具有集肤效应，所检测到的信息仅能反映试件表面或近表面处的情况。

涡流检测的特点：

① 对于金属管、棒、线材的检测，不需要接触，也不需要耦合介质。所以检测速度高，易于实现自动化检测，特别适合在线普检。

② 对于表面缺陷的探测灵敏度很高，且在一定范围内具有良好的线性指示，可对大小不同的缺陷进行评价，所以可以用于质量管理与控制。

③ 影响涡流的因素很多，如裂纹、材质、尺寸、形状及电导率和磁导率等。采用特定的电路进行处理，可筛选出某一因素而抑制其他因素，由此有可能对上述某单独影响因素进行有效的检测。

④ 由于检测时不需接触工件又不用耦合介质，所以可进行高温下的检测。由于探头可伸入到远处作业，所以可对工件的狭窄区域及深孔壁（包括管壁）等进行检测。

⑤ 由于采用电信号显示，所以可存储、再现及进行数据比较和处理。

⑥ 涡流探伤的对象必须是导电材料，且由于电磁感应的原因，只适用于检测金属表面缺陷，不适用检测金属材料深层的内部缺陷。

⑦ 金属表面感应的涡流的渗透深度随频率而异，频率高时金属表面涡流密度大，随着频率的降低，涡流渗透深度增加，但表面涡流密度下降，所以探伤深度与表面伤检测灵敏度是相互矛盾的，很难两全。当对一种材料进行涡流探伤时，须要根据材质、表面状态、检测标准作综合考虑，然后再确定无损检测方案与技术参数。

⑧ 采用穿过式线圈进行涡流探伤时，线圈覆盖的是管、棒或线材上一段长度的圆周，获得的信息是整个圆环上影响因素的累积结果，对缺陷所处圆周上的具体位置无法判定。

⑨ 旋转探头式涡流探伤方法可准确探出缺陷位置，灵敏度和分辨率也很高，但检测区域狭小，在检验材料须作全面扫查时，检验速度较慢。

⑩ 涡流探伤至今还是处于当量比较检测阶段，对缺陷做出准确的定性定量判断尚待开发。

本任务讲述了无损检测的概念、目的及方法，请将本任务中学到的内容加入总装工艺卡中合适的地方。

考核分类	项目	完成情况与能力提升评价		
		达成目标	基本达成	未达成
知识与技能考核	认知无损检测概念及目的			
	认知射线检测（RT）			
	认知液体渗透检测			
	认知磁粉检测			
	认知超声波探伤			
	认知涡流检测			
	反思提升			

续表

考核分类	项目	完成情况与能力提升评价		
		达成目标	基本达成	未达成
素质能力考核	工匠精神			
	职业精神			
	科学精神			
	劳动精神			

拓展阅读

无损检测中精益求精的践行者——王丽萍

利用磁粉、超声波、X射线、渗透等方法，在不破坏工件表面及内部结构的基础上，做出质量评价，指出缺陷的具体位置。这就是王丽萍从事的高铁无损检测工作。21年来，她参加了自中国铁路大提速以来大部分主型客车转向架零部件的无损检测任务，从未出现过错探、漏探。

作为焊接探伤组组长，王丽萍"随时可能出现在任何一个工区"。2021年是她从事高铁无损检测工作的第21年，原材料有无问题的单件检测、单件焊成后的组对小件检测、再次经过焊接的转向架检测……从零部件进厂到高铁出厂，关键检测工序里总能见到她的身影。

2015年，工厂在进行横梁管焊缝X射线检测时，机器一次只能照射一根，耗时半小时。随着生产任务的增加，检测效率逐渐无法满足工厂的生产能力，王丽萍看着身旁越堆越高的待检工件，心里琢磨着提高效率的办法。利用下班时间，王丽萍与工艺人员历时一周，以毫米为单位一次次调整射线探头焦距，最终找到一次可以同时照射两根横梁管的最佳方案。如今X射线检测4根横梁管只需要16分钟。

缝衣服的粘扣、厨房里的打蛋器，在王丽萍手里都成了探伤的得力工具。由她主导发明的"转向架横梁管射线检测专用装置"等6项成果获得实用新型专利，50余项攻关成果获得奖励，并形成工艺文件指导生产。

王丽萍还利用工余时间，自己准备教案课件，组织技能培训班，"我还有不到5年就退休了，想把自己的经验分享出去"。如今她的学生已有百余名，探伤组里还新进了好几名"90后"，"肯吃苦、学得快、脑子活，我相信这些年轻人不但能把技艺传承好、掌握好，而且将来一定会比我做得更好。"王丽萍欣喜地说。《人民日报》（2021年08月24日06版）

任务三
压力试验

学习目标

知识目标

(1) 掌握压力容器压力试验的方法及要求;
(2) 掌握液压、气压试验的步骤。

能力目标

(1) 能简述压力容器压力试验和泄漏试验的方法及要求;
(2) 能进行压力试验。

素质目标

(1) 通过压力试验及填写试验报告,培养精益求精、一丝不苟的工匠精神和求真务实、积极探索的科学精神;
(2) 通过互联网查寻、小组讨论完成练习,培养团结协作、诚信友善的职业精神和吃苦耐劳的劳动精神。

设备在制造过程中,可能会产生各种缺陷、各种连接密封面的泄漏,以上问题均会影响设备的安全可靠性。为考核设备的整体强度和致密性,在设备制造完工后,需要对设备进行综合性考核试验,即进行耐压试验(图3-16)和致密性试验。

图 3-16 耐压试验中的设备

一、认知压力试验

1. 目的

容器有可能由于材质、钢板弯卷、焊接及安装等加工制造过程的不完善,导致在规定的工作压力下出现过大变形或焊缝有渗漏等现象。因此,新制造的容器或大检修后的容器在交付使用之前都必须进行压力试验,其目的主要是以下三个方面:

① 检验在超过工作压力条件下容器的宏观强度;

② 检验密封结构的可靠性及焊缝的致密性;

③ 观测压力试验后受压元件的母材及焊接接头的残余变形量,及时发现材料和制造过程中存在的缺陷。

2. 对象

有下列情况之一的压力容器应当进行压力试验:

① 根据工艺条件设计制造的新设备;

② 由于生产工艺条件的改变,导致设备在线使用的工艺参数如工作温度、操作压力等

发生了变化,且按新工艺条件经强度校核合格的设备;

③ 按照设备管理要求进行了检修的设备;

④ 停用一段时间后重新启用的设备;

⑤ 安装位置发生移动的设备;

⑥ 需要更换衬里的设备;

⑦ 其他有必要进行压力试验以确保安全的设备。

3. 方法

压力试验有液压试验和气压试验两种。

在相同压力和容积下,试验介质的压缩系数越大,容器所储存的能量也越大,爆炸也就越危险,故应选用压缩系数小的流体作为试验介质。常温时,水的压缩系数比气体要小得多,且来源丰富,因而是常用的试验介质。

气压试验适合如下两个场合:

① 因结构或支承等原因不能向容器内充灌水或其他液体,如高塔,液压试验时液体重力可能超过基础承受能力等。

② 运行条件不允许残留液体时。

4. 要求

对需要进行焊后热处理的容器,应在全部焊接工作完成并经热处理之后,才能进行压力试验和气密性试验;对于分段交货的压力容器,可分段热处理,在安装工地组装焊接,并对焊接的环焊缝进行局部热处理之后,再进行压力试验。压力试验的种类、要求和试验压力值应在图样上注明。

二、认知液压试验

液压试验是将液体注满容器后,再用泵逐步增压到试验压力,检验容器的强度和致密性。图 3-17 所示为容器液压试验示意图,试验必须用两个量程相同并经过校正的压力表,压力表的量程在试验压力的 2 倍左右为宜,不能低于 1.5 倍和高于 4 倍。容器的开孔补强应在压力试验以前通入 0.4~0.5MPa 的压缩空气检查焊接接头质量。

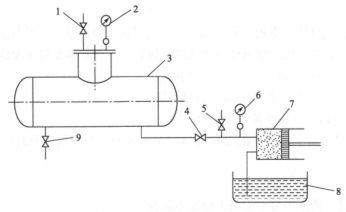

图 3-17 容器液压试验示意图

1—放空阀;2—压力表;3—压力容器;4—进水阀;5—阀门;6—压力表;7—试压泵;8—水槽;9—排液阀

1. 试验介质及要求

供试验用的液体一般为洁净的水，需要时也可采用不会导致发生危险的其他液体。

① 在液压试验时，为防止材料发生低应力脆性破坏，液体温度不得低于容器壳体材料的韧脆转变温度。一般来说，碳素钢、16MnR 和正火 15MnVR 钢制容器液压试验时，液体温度不得低于 5℃；其他低合金钢制容器，液体温度不得低于 15℃。

② 如果因板厚等因素造成材料韧脆转变温度升高，则须相应提高试验温度。其他钢种的容器液压试验温度按图样规定。

③ 氯离子能破坏奥氏体不锈钢表面钝化膜，使其在拉应力作用下发生应力腐蚀破坏。因此奥氏体不锈钢制压力容器进行水压试验时，应控制水的氯离子含量不超过 25mg/L。并在试验后应立即将水渍清除干净。

2. 试验方法

① 试验时容器顶部应设排气口，充液时应将容器内的空气排尽。

② 试验时压力应缓慢上升，达到规定试验压力后，保压时间一般不少于 30min（在此期间容器上的压力表读数应保持不变）。然后将压力降至规定试验压力的 80%，并保持足够长的时间以对所有焊接接头和连接部位进行检查。如有渗漏，应进行标记，卸压后修补（注意不得在承压状态下紧固螺栓），检修好后重新试验，直至合格。

液压试验合格的标准：无渗漏、无结构外观宏观变形、试压过程无异常响声，标准抗拉强度下限的钢制容器，试验后表面无损检测未发现裂纹。

③ 对于夹套容器，先进行内筒液压试验，合格后再焊夹套，然后进行夹套内的液压试验。

④ 液压试验完毕后，应将液体排尽并用压缩空气将内部吹干。试验过程中应保持容器观察表面的干燥。

练一练：

进行换热器壳程压力试验（图 3-18）操作，并填写检验报告。

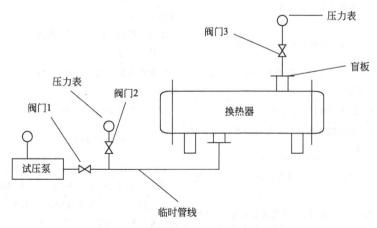

图 3-18 换热器壳程压力试验示意图

检验报告

检查项目	压力试验 ☐水压 ☐气压 ☐气密性		设备名称	
试验部位			设备位号	
试验压力/MPa			压力表量程/MPa	
试验介质			压力表精度等级	
氯离子(Cl^-)含量			保压时间/min	

试验曲线

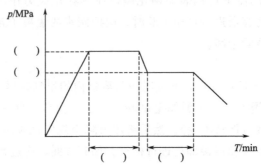

泄漏部位		备注：	
异常变形部位			
异常响声			
试验结果			
工位号		日期	

水压试验评分表

工位号：_____ 用时：_____ 成绩：_____

项目	考核内容	备注	分值	扣分
组装及试压前的准备(5分)	(1)领料单填写正确与否	填错、漏填，每项扣0.5分；少领、多领，每件扣0.5分	5	
换热器壳程试压(60分)	(2)壳程试压部件组装是否正确	组装步骤错一步扣1分，密封处垫片安装错一处扣1分	4	
	(3)各法兰连接处螺栓紧固的次序及方法是否正确	螺栓紧固步骤错一步扣1分；紧固方法不对，扣2分	8	
	(4)试压用管件、阀门、仪表有无装错	试压部件每装错一处，扣1分	4	
	(5)试压前有无排气，各检验部位是否擦拭干净	错1项或漏1项，扣1分	4	
	(6)试验压力下对设备进行操作是否正确	未做到缓慢升压扣3分；试验压力操作每错一步扣1分，合格压力范围为1.2~1.3MPa	6	
	(7)排水盲板、试压改造盲板安装是否到位	各连接件连接不紧造成泄漏，每处扣1分；法兰安装紧固方法不对，扣2分	8	
	(8)设计压力下对设备进行检验是否正确	未降压或降压操作有误扣2分，合格压力范围为0.95~1.05MPa，保压过程中未观察或观察不合理扣2分	4	

续表

项目	考核内容	备注	分值	扣分
换热器壳程试压（60分）	(9)试压是否有泄漏,若有泄漏重新试压过程是否正确	有漏点未返修扣6分;带压返修扣2分;试压不合格扣4分	12	
	(10)泄压及试压设备的拆除是否正确	未缓慢泄压,扣2分;打开与柱塞泵相连的阀泄压扣2分	4	
	(11)折流板方向是否装错	方向装反,扣2分	2	
	(12)压力检验报告填写是否完整准确	有1项填错或漏填扣0.5分(备注部分可不填)	4	
拆除及现场清理(15分)	(13)拆除后,是否对照清单,完好归还和放好设备部件、仪表、管件、工具等	遗留、损坏,每件扣1分,试压系统上的部件必须拆完	10	
	(14)拆除结束后是否清扫整理现场恢复原样	清扫不干净或整理不整洁扣5分,必须清理完后方可离开	5	
文明安全操作(10分)（若对设备或人身产生重大安全隐患的,该项分扣除）	(15)整个试压、装拆过程中选手穿戴是否规范	穿戴不规范扣4分	4	
	(16)是否有撞头,伤害到别人或自己、物件掉地等不安全操作	螺栓、螺母、垫片掉地每次扣0.5分,其他情况每次扣1分	6	
操作质量及时间(10分)	(17)拆装、试压过程的合理性	工具摆放、团队配合、密封面清洁等,每错一处扣1分	10	

三、认知气压试验

1. 气压试验的注意事项

气压试验之前必须对容器主要焊缝进行100%的无损检测,并应增加试验场所的安全措施。

试验所用的气体应为干燥洁净的空气、氮气或其他惰性气体。

容器作定期检查时若其内残留易燃气体将导致爆炸时,则不得使用空气作为试验介质,对高压及超高压容器不宜采用气压试验。

2. 气压试验步骤

气压试验时压力应缓慢上升至规定试验压力的10%,且不超过0.05MPa时,保压5min,然后对所有焊接接头和连接部位进行初次泄漏检查,如有泄漏,修补后重新试验。初次泄漏检查合格后,再继续缓慢升压至规定试验压力的50%,其后按每级为规定试验压力的10%的级差逐级增至规定的试验压力。保压10min后将压力降至规定试验压力的87%,并保持足够长的时间后再次进行泄漏检查。如有泄漏,修补后再按上述规定重新试验。

注意试验过程中不得带压紧固螺栓。气压试验经肥皂液或其他检漏液检查无渗漏、无宏观变形、容器无异常响声即可。

四、认知致密性试验

致密性试验的目的是检查容器可拆连接部位的密封性。包括气密性试验和煤油渗漏试验。

1. 气密性试验

介质为易燃或毒性程度为极度、高度危害或设计上不允许有微量泄漏（如真空度要求较高时）的压力容器，必须进行气密性试验（气压试验合格的容器不必再作气密性试验），气密性试验的危险性大，应在液压试验合格后进行。在进行气密性试验前，应将容器上的安全附件装配齐全。

（1）气密性试验压力确定　气密性试验的压力大小视容器上是否配置安全泄放装置而定。气密性试验的试验压力可取设计压力的1.05倍。若容器上没有安全泄放装置，其气密性试验压力值一般取设计压力的1.0倍；但若容器上设置了安全泄放装置，为保证安全泄放装置的正常工作，其气密性试验压力值应低于安全阀的开启压力或爆破片的设计爆破压力，建议取容器最高工作压力的1.0倍。气密性试验的试验压力、试验介质和检验要求应在图样上注明。

（2）气密性试验方法　气密性试验时，压力应缓慢上升，达到规定试验压力后保压10min，然后降至设计压力，对所有焊接接头和连接部位进行泄漏检查。小型容器亦可浸入水中检查，如有泄漏，修补后重新进行液压试验和气密性试验。

2. 煤油渗漏试验

煤油渗漏试验是利用煤油渗透性强的特点来检查焊缝的致密性。将焊缝能检查的一面清理干净，涂上白粉浆，晾干后在焊缝的另一面涂抹煤油，使表面得到足够的浸润，经过30min后白粉上没有油渍即为合格。若白粉上有油渍说明有渗漏应进行修补，修补后重新进行试验。

本次任务讲述了压力试验和致密性试验，并练习操作了换热器壳体的水压试验。本模块所要制造的储气罐在上个任务中已制造完成，下一工序就是检验和水压试验，请结合本任务所学内容完成该水压试验工艺卡的填写。

压力容器制造工艺过程卡

产品名称		产品编号		产品图号		制造工序				
部件编号		材质		规格		材料入库代号				
代用材料		代用材料规格		代用材料入库号		数量				
序号	工序名称	工艺内容	技术要求	质控符号	工装设备	操作者	日期	检验			简图说明
								检验项目	实测值	结论	签字	日期	
1	备料			R							
2	组装			R							
3	充水			R							
4	试压			R							
5	清除			R							

模块三
压力容器检验

考核分类	项目	完成情况与能力提升评价		
		达成目标	基本达成	未达成
知识与技能考核	认知压力试验			
	认知液压试验			
	认知气压试验			
	认知致密性试验			
	反思提升			
素质能力考核	工匠精神			
	职业精神			
	科学精神			
	劳动精神			

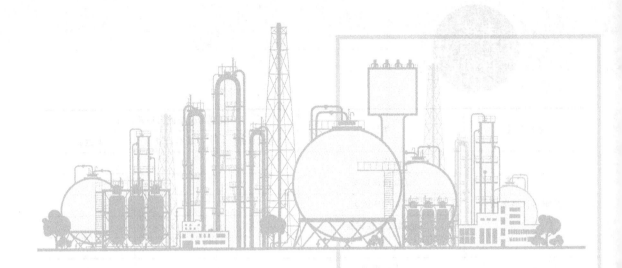

模块四

档案管理

设备档案是企业档案的重要组成部分，也是设备管理工作的重要组成部分。设备的正常运行及维护保养是设备管理工作的基本任务，设备档案管理工作为这一基本任务顺利、经济地实现提供了基本技术支持。本模块介绍档案管理。

任务
管理档案

学习目标

◉ **知识目标**

了解特种设备技术档案资料内容。

◉ **能力目标**

能设计档案管理电子台账。

◉ **素质目标**

(1) 通过对实训室设备档案进行管理,培养精益求精、一丝不苟的工匠精神和求真务实的科学精神;

(2) 通过互联网查寻、小组讨论完成练习,培养团结协作、诚信友善的职业精神和吃苦耐劳的劳动精神。

设备档案,是指设备从规划、设计、制造、安装、调试、使用、维修、改造、更新至报废的全过程中形成的图纸、文字说明、凭证和记录等文件资料,通过不断收集、整理、鉴定等工作建立的设备档案是企业档案的重要组成部分,也是设备管理工作的重要组成部分。档案能很好地记录设备在使用中的情况,从采购到销毁,每个细节都可以找得到。设备的正常运行及维护保养是设备管理工作的基本任务,设备档案管理工作为这一基本任务顺利、经济地实现提供了基本技术支持。

以特种设备为例,作为企业的一名设备管理人员,首先需要了解特种设备技术档案资料的内容。

一、认知特种设备技术档案资料

1. 特种设备安全技术档案

特种设备使用单位应针对每一台特种设备建立安全技术档案。安全技术档案中的记录应填写完整、字迹清楚、标识明确,使用单位应结合每类设备的检验周期确定安全记录的保存期,便于查阅。重要的安全记录应以适当方式或按法规要求妥善保管,以防损坏。

每台设备的安全技术档案包括下面内容:

① 特种设备使用登记证正本,使用登记证副本复印件(设备上要求张贴使用登记证副本,留存其复印件),以及使用登记表;

② 特种设备的设计文件、制造单位、产品质量合格证明、使用维护说明等文件以及安装技术文件和资料(设备的出厂随机资料中含有这些资料);

③ 特种设备的定期检验和定期自行检查的记录(指每台设备的历次检验报告、设备上安全附件的最新校验报告以及针对每台设备的定期检查记录);

④ 特种设备的日常使用状况记录(这部分记录指的是每台设备的日常使用状况即运行参数、运行状态的记录,由使用单位自行完成。锅炉要求有运行记录,电梯和起重机除了维护保养公司的定期维护保养记录外,使用单位应在设备每次投入使用前进行检查并做好记录);

⑤ 特种设备及其安全附件、安全保护装置、测量调控装置及有关附属仪器仪表的日常维护保养记录(需要强制保养、委托具有相应资质公司维保的电梯和起重机,维护保养公司的定期维护保养记录单即满足上述要求;锅炉、压力容器、压力管道和叉车等应以使用单位自身实际情况,自行进行日常维护保养或委托有资格的单位进行维护保养,日常维护保养的

项目及周期根据设备的使用频率、场所等因素决定,日常维护保养要有书面记录);

⑥ 特种设备运行故障和事故及处理记录(如果设备曾经在运行中出现过故障或事故,务必将故障处理记录或事故处理记录归入对应的安全技术档案盒留存);

⑦ 特种设备重大修理改造竣工档案(如果设备曾经经过重大修理改造,则将以前的报装或告知资料、竣工资料等集中归入对应的安全技术档案盒留存);

⑧ 高耗能特种设备的能效测试报告、能耗状况记录以及节能改造技术资料。

2. 其他相关档案材料

(1) 相关制度档案　使用单位制定的所有有关特种设备的安全管理制度,负责部门应有文本文件集中归档管理,根据企业的实际,可以是原件或复印件,电子文本只能作为企业备份。

特种设备安全管理文件应字迹清楚,注明日期(包括修订日期),易于识别,应有编号(包括版本编号),并保管有序且有一定的保存期限(建议两年)。存档的文件应为已向企业内部有关各方传达过的最新版本。

相关制度档案部分要求使用单位将各类管理制度由负责部门集中起来,用档案盒存放。各类管理制度,既包括以公司名义印发的制度,又包括以相关部门名义印发的管理制度,管理制度的目录按照下列内容规范地编排,分为:

① 特种设备岗位责任制[注意:特种设备岗位责任制要把特种设备安全第一责任人(法人或管理者代表)、直接责任人(管理人员)、相关责任人员(操作工、档案管理员等)的岗位职责描述清楚。特种设备安全负责人除了在岗位责任制中体现之外,还必须要以书面形式任命,特种设备安全责任人任命书要张贴或悬挂在办公室显著的地方];

② 特种设备规章制度(注意:特种设备规章制度包括特种设备购置制度、特种设备档案管理制度、特种设备约检制度、定期自查制度、维护保养管理制度、隐患整改制度、特种设备培训教育制度、应急救援专项制度等);

③ 特种设备安全操作规程(注意:安全操作规程要与设备种类相对应,既要张贴在墙上或设备的显著位置,又要以书面形式存档于相关制度档案盒内);

④ 特种设备事故应急救援预案(注意:必须要有整个公司的特种设备应急救援预案,如果公司设备数量和车间多、管理层级多,各部门或车间还应针对自身情况制定部门或车间的特种设备应急救援预案,提交一份存入公司的相关制度档案)。

(2) 设备人员台账

① 设备台账档案。按照质监部门制定的统一台账形式登记企业全部特种设备及其安全附件,并建议有电子文本备份。

设备台账档案部分要求目录编排为:

a. 特种设备平面分布图[注意:平面分布图上要标出特种设备安装地点所在的车间或场所名称、每一台特种设备的名称和使用证号(出厂编号),特种设备平面分布图建议张贴在办公室和车间墙上显著地方];

b. 所有的特种设备及安全附件统一台账(注意:填写统一制定的表格即可);

c. 特种设备使用变更记录;

d. 在用设备数量如果较多,并且分布在多个车间,应按照车间,由车间制定出特种设备及其相应的安全附件台账,提交一份存入公司的设备台账档案盒,如果使用单位数量少则不需按车间再制定台账。

② 作业人员档案。应按照质监部门制定的统一台账形式登记全部特种设备作业人员的详细情况。

作业人员档案部分要求目录编排为：

a. 整个公司的所有特种设备作业人员统一台账（注意：填写统一制定的表格即可）；

b. 所有特种设备作业人员的作业证件复印件。

3. 持续改进档案

（1）培训教育档案　从各种渠道取得的有关特种设备法律法规、安全技术规范、相关技术资料等书籍，培训教育记录，应急演练方案和记录（含文本和影像资料等）应集中存档管理。

安全教育档案部分目录编排为：

a. 特种设备有关法律法规和安全技术规范。

b. 各类特种设备的相关技术性书籍，如起重机操作实务、叉车维修指南等。

c. 最近两年内的历次特种设备培训教育记录。培训教育记录指包含特种设备安全、节能内容在内的记录，记录内容可以不限于特种设备安全、节能，有三级安全教育的单位，应将公司、车间和班组的安全、节能培训教育记录定期汇总（最低要求一月一次）；在用设备总数少、管理层级少的单位应将公司或公司和车间的安全、节能培训教育记录全部归总。还应包括公司的其他安全培训教育活动记录，如特种设备操作技能比赛方案和奖励通知、宣传栏特种设备相关内容留底等。

d. 近两年内的应急救援演练方案、演练签到表、演练记录（照片、书面记录）、讲评等。

（2）信息沟通档案

a. 特种设备业务办理指南资料（包括从质监部门取得的特种设备使用登记证办理指南、各类特种设备业务表格等）；

b. 会议资料（参加由质量技术监督管理部门组织的会议时领取的会议资料）；

c. 签订的特种设备使用管理安全责任承诺书；

d. 质量技术监督管理部门特种设备安全监察人员检查后留下的检查记录表或安全监察指令书，以及本单位针对存在问题采取整改措施的书面记录及反馈报告等；

e. 特种设备从业单位的资料，如电梯维护保养公司、锅炉安装维修公司、作业人员培训机构的有关介绍资料（相应的资格证书复印件、产品目录等），以及签订的合同复印件，如锅炉保养合同、电梯维护保养合同、起重机维护保养合同、叉车保养合同等。

练一练：

（1）描述特种设备技术档案资料内容。

（2）根据特种设备安全技术档案，设计电子台账档案。

特种设备使用台账表

序号	设备名称	使用证号	注册代码	使用情况	变更情况

续表

序号	设备名称	使用证号	注册代码	使用情况	变更情况

机器、设备技术特性履历表

装置名称		在籍车间	
设备名称		设备位号	
设备型号		结构形式	
规格尺寸		设备编号	
设备总重		合格证号	
安装单位		安装年月	
投运日期		使用年限	
设备原值		全年折旧	
制造厂		制造年月	
设备用途			
大检修间隔期		中修间隔期		小修间隔期	

技术特性	操作介质		腐蚀余量/mm	
	操作压力/MPa		设计压力/MPa	
	操作温度/℃		设计温度/℃	
	流量/(m³/h)		容积/m³	
	轴功率/kW		列管规格(ϕ内)	
	转速/(r/min)		列管数	
	试验压力/MPa		换热面积/m²	
主电动机	电动机型号		制造厂	
	电压/V		电流/A	
	功率/kW		转速/(r/min)	
备注				

二、认知档案管理工作内容

① 建立健全设备档案资料管理制度。

② 负责公司主要生产设备档案,资料的收集、整理、分类、归档保管、提供利用等工

作，建立健全设备档案。

③ 负责编制设备台账，加强设备台账管理，定期对设备进行盘点核实，确保账面清晰、账物相符。

④ 参与新购设备的开箱验收、资料收集；负责新购设备（含特种设备）台账的建立，合同的保管。

⑤ 做好档案借阅登记手续，既要态度热情、优质服务，又要秉公办事、不徇私情，同时做到手续完备，借阅期限不得超过规定时间，必须到期归还；如到期未归还要及时索要回来归档，如需再借，应办理续借手续。

⑥ 认真检查到期归还的资料是否完整无缺，发现问题及时报告和处理。

⑦ 每年对库存档案进行一次全面检查清点，目录与案卷要相符。

⑧ 进行档案的鉴定工作，对已报废设备的档案列出目录清册，提出鉴定与销毁报告，上报有关领导。

⑨ 对年久破烂的重要性材料、档案要进行修复，延长档案寿命。

⑩ 负责各种设备润滑记录台账、设备检修台账、设备巡回检查记录本等的申报印刷和发放。

练一练：

梳理档案管理工作的工作流程，画出工作流程图。

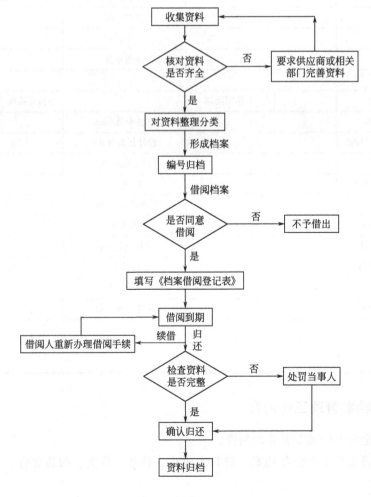

本任务讲述了特种设备管理的相关知识,请你为实训室中的任意一台设备建立设备管理台账。

考核分类	项目	完成情况与能力提升评价		
		达成目标	基本达成	未达成
知识与技能考核	认知特种设备技术档案资料			
	认知档案管理工作内容			
	反思提升			
素质能力考核	工匠精神			
	职业精神			
	科学精神			
	劳动精神			

参考文献

[1]《石油化工固定式压力容器制造工程》编委会.石油化工固定式压力容器制造工程[M].北京：石油工业出版社，2011.

[2] 萧前.石油化工设备制造工艺[M].上海：上海科学技术出版社，1984.

[3] 郭宏伟.化工设备的制造安装检测[M].北京：化学工业出版社，2012.

[4] 朱财.化工设备设计与制造[M].北京：化学工业出版社，2013.

[5] 朱方鸣.化工机械制造技术[M].北京：化学工业出版社，2010.

[6] 李志安，金志浩，金丹.过程设备制造[M].北京：中国石化出版社，2021.

[7] 王志斌，周文.压力容器结构与制造[M].北京：化学工业出版社，2009.